◉ 土木・環境工学 ◉

EKO-A5

# 土木と環境の計画理論

## 3つの並行プロセスによる計画づくり

屋井鉄雄

数理工学社

# 編者のことば

このライブラリは東京工業大学工学部の土木・環境工学科および大学院の土木工学専攻で行われている講義をベースとして作られた教科書および副読本の集成です．土木工学分野の最先端の講義がこのライブラリに込められていると自負しています．講義には，例えば100年たっても変らないものあるいは変えることのできないものと，10年たてば陳腐化するものとがあります．それらを見極めながらカリキュラムを構成していることに我々は誇りを持っています．

土木工学は中国での土を築き木を構えて「築土構木」を語源としています．また，英語では「Civil Engineering」と呼ばれ，Civilは文明を意味するCivilizationと同系統の言葉です．欧米でのCivil Engineeringと日本での土木工学とは内容的に一致するものではありませんが，いずれも社会生活の基盤を担う，文明の進化を支える分野であり，工学の原点とも言えます．土木工学は時代の進歩からは取り残された古い学問分野と誤解されがちですが，これほど長い期間，最先端であり続けている工学分野はほかにはないと言えます．時代とともに土木工学の内容については変化し続けています．例えば開発や建設といった行為が土木工学の中心を占めていた時代から，最近では持続的な社会基盤の形成が中心的な流れといえます．

最近，多くの大学の土木工学科はその名称を変えています．学科名称で「土木」を探すのが難しいほどです．しかし，今まで「土木工学」が担ってきた分野はこれからも重要であり，もちろんのことですが高度技術者研究者の養成は継続的に強く求められ，活躍する場はますます広がっています．東京工業大学では学科名称を土木・環境工学科と変えましたが，これは最近の土木工学の広がりと今後強化すべき分野を見据えての決定であり，このライブラリにもそれが反映されたものになります．従来からの土木工学と環境工学とを縦糸と横糸あるいはマトリックスでの行と列のように考えて今後の教育研究分野を体系付けています．すなわち，インフラ整備と環境負荷，自然環境と人間環境との共生，環境の再生と創成，といった概念を横糸として組み込むことにより，まさに今なにが求められているのかがはっきりと浮かび上がってきます．

例えば，小職の専門とする構造分野においては，今までほとんど話題にされなかった既設構造物の延命化などは，建設廃材を出さないことと新規に材料の使用をミニマムにすることから環境面からきわめて重要であり，そのための健全性，機能性の評価とそれらを向上させる技術などは今後の重要課題になってきます．その技術の重要性は例えば首都圏の高速道路を取替えのために通行止めする際の社会的経済的な影響を考えればさらに際立ってくるでしょう．また，土木構造物に期待される寿命は100年以上であり，想定寿命が5年10年のいわゆる消費財的な機器類とは設計思想が根本的に異なることを強く認識しなければなりません．

このライブラリは，従来の伝統的なテキストに加え，今までになかった今日的テーマをも盛り込んでいきます．それはこの分野が進化し続けていることを示しています．ご期待ください．

2005年12月

編者　三木千壽

**ライブラリ「土木・環境工学」書目一覧**

| 第1部 | | 第2部 | |
|---|---|---|---|
| 1 | 流体力学 | A-1 | 水文・河川工学 |
| 2 | 水理学 | A-2 | 海岸・海洋工学 |
| 3 | 生態環境学 | A-3 | 土質基礎工学 |
| 4 | 土質力学 | A-4 | 地盤工学 |
| 5 | 応用地質学 | A-5 | 土木と環境の計画理論 |
| 6 | 計画数理 | A-6 | 交通計画 |
| 7 | 材料と部材の力学 | A-7 | 都市計画 |
| 8 | 固体力学 | A-8 | 失敗に学ぶ橋梁工学 |
| 9 | 構造力学 | A-9 | 非破壊検査 |
| 10 | 構造力学演習 | 別巻 | 現代の橋梁工学 |
| 11 | コンクリート工学 | | —塗装しない鋼と橋の技術最前線— |
| 12 | コンクリート構造の基礎［改訂第2版］ | | |

(A: Advanced)

# まえがき

本書は土木計画学の教科書または参考書として学部から大学院まで活用されることを企図し，東京工業大学で開講している同名の講義内容をもとに，各章を 2 回分，全体では 14 回分の講義に対応できるように構成し執筆したものである．

土木計画学を取り巻く環境をみれば，東日本大震災に象徴される巨大災害の脅威，気候変動の加速化の兆候，そしてパンデミックの発生というように，社会を揺るがす深刻な問題にさらされている．その上，世界や地域で相対化する価値が様々な葛藤をもたらす場面も増えている．

それに対して土木計画学の実践分野は常に多様な価値に向き合うことから，その専門家もその時々に翻弄されることなく，状況を俯瞰しつつ対応できる視座を持つことが肝要である．そのために土木計画学の理論が果たすべき役割は大きいと思えるが，その理論は計算理論に留まらず，計画のいわば哲学を踏まえた理論として確立されるべきであろう．

何故なら，土木計画学は社会と共に考え実践する学問であり，どのように実践するべきか，その拠りどころが改めて問われていると思えるからである．本書は今までの教科書と少々構成を変え，計画理論，計画プロセス，市民参画などに多くの頁を割いている．それは土木計画学が特定の価値を支持する立場を超え，人々の様々な価値を俯瞰的に理解しつつ，社会や地域の選択や決定のありかたを理論化して示すべきと考えるからである．

本書のサブタイトルにある「3 つの並行プロセスによる計画づくり」は，筆者が市民参画の重要性に気付いた頃から構想し始めた考え方であり，国や地域の計画づくりにおいて実践してきた考え方である．出版計画は随分前からあったが，理論として深め整理する十分な時間を確保できず，出版できないままに時間ばかりが過ぎてきた．計画性のなさを恥じるばかりであるが，それを一気に進めることができたのは，皮肉ながら現下のパンデミックによることは明らかである．世界中で困難な状況が続くが，考える時間が増えたことは不幸中の幸いでもあった.

ところで,「ちがう未来を，見つめていく」というフレーズがある．これは東工大のスピリットを表した言葉であるが，本書の視座が従来と多少異なるとすれば，それはこの精神に通じているからと自負している．人々の幸福を支える公共計画を主対象とする土木計画学であればこそ，未来のみつめかたは幾通りかあって良いだろう．本書がその１つとなれば幸いである.

最後に本書の執筆を長年辛抱強く待って頂いた出版社に心より感謝したい．そして，草稿段階で有意義なコメントを頂いた土木計画学の研究仲間の面々，図面づくりに協力してくれた大学院学生諸君，そして末筆になるが家族に，心より謝意を表したい.

2021 年 3 月

屋井鉄雄

# 目　　次

## 第1章



## 第2章

## 第3章



## 第4章



## 第5章

---

# 第１章

# 計画理論の基礎

土木計画分野の役割を歴史的に俯瞰し，土木計画学の必要性を理解した上で，計画の思考過程と形成過程の論理の追求に関わる本書の立場を学ぶ．計画の基本要素である目的，手段，主体，対象，構成，体系，手続きの７つの概要を理解する．

# 1.1 計画理論の概観

## 1.1.1 未来社会とテクノロジー

### (1) 未来社会の予想

19世紀末に米国の土木技術者が予想した百年後の未来の姿には，「大都市に地下や高架の高速道路が張りめぐらされた未来」や「列車が時速240 kmの高速で走る未来」，そして「大西洋を2日で横断できる高速船が運航された未来」などが描かれていた[1]．そのような未来は概ね達成されているが，彼の予想には航空機が飛び交う20世紀後半の未来像が描かれていない．「飛行船は商用では成功しないだろう」という記述はあるが，ライト兄弟が初飛行に成功する4年前の予想にも拘わらず，その後の大航空時代を予想することはできなかった．

未来の予想や予測はいつの時代も困難である．「未来は既にそこにある．ただ均等に広がっていないだけだ」と言った人物がいる．筆者が大学生であった頃に既にウォークマンやゲームウオッチが流行し，音楽を聴きながらゲームにふける今に至る電車内の光景は，既に始まっていたのかもしれない．「未来予測は難しいから未来を創ってしまえば良い」と言われることもある．傲慢で独善的な発言なら問題であるが，未来を座して待つのではなく，あるべき未来を考えるべきとのことであればとても意義深い．地球温暖化問題や巨大災害への備えなどは，正にこのような考えを持てるか否かにかかっているといえよう．

自家用車が自動運転になった未来を20世紀半ばに描いた絵が残されている．ビーコンが埋め込まれた高速道路を走る車と共に「交通渋滞も事故もなく，運転者も疲れない」と書かれている．現実の社会は未だ自動運転技術を完成させてはいないが，その方向に向かっていることは確かである．筆者にとって，その絵のなかの自動車に乗る家族とおぼしき4人の姿が実に印象的であった．豊かな自然のなかを走る車内で卓上ゲームにふける4人は誰一人として外の風景を楽しんでいない．よく見れば他の車も同様で，誰も風景に関心を持たない姿が，その絵に描かれた未来の姿であった．

自動運転の車両開発を含むモビリティ分野のイノベーションが進展している．現代は実に多様なイノベーションが同時進行している類まれな時代である．その開発の中心を担うのは従来の大企業ではなく，スタートアップと呼ばれる新興企業であり，次に何が生まれて社会を変革させるのか不透明であると同時に大きな期待感を世界が共有している．破壊的創造と称される変化を身近に感じられる時代でもある．ナノ材料，ゲノム編集，ロボティクス，IoT，AI，エネルギー，環境などの技術革新が未来の社会をどのように創り出して行くのか興味は尽きない．

### (2)　土木計画の果たすべき役割

そのような世界のなかで土木計画は何をなすべきであろうか．本書はそのような時代背景のなかでも変わらず担うべき土木計画の役割は何かを考えるものである．破壊的技術が未来社会を創るとして，破壊が社会を創るために何が必要であろうか．筆者が作ったジョークがある．答えはローマ字で書いた破壊という文字列の先頭にSを付ければ分かる．そうすればSHAKAI，社会という文字列になる．この先頭についたSが何かということが要点だが，英語で先頭にSが付く語には，サステナブル，スマート，セイフ，セキュア，スケーラブル，セレンディピタスなどが思い浮かぶ．これらの要素がテクノロジーに備わっていなければ，恐らく未来の社会は創れないだろう．筆者はさらにもう1つ必要なものがあると考えている．それはセレクタブル，選択可能ということである．人類が今後も自ら選択できる環境が技術が進歩しても必要であり，AIの計算に任せきってしまわない未来の社会を持つことに土木計画は大いに役立つと考えている．

哲学者の木田元が「技術の起源は人類の起源よりも古くそれを制御できるとの考えは倨傲である」と書いた[2]．福島原発の事故前であったが，その意味するところは教訓として土木学会100周年宣言などにも受け継がれている．様々な技術を高め活用することと，社会が未来を自ら選択することの両立を目指すことが肝要といえるのではないだろうか．そして社会の決断をどのように導き出すかを社会が納得して事前に用意しておくことも大切である．

土木計画学は不確実なことが多い今の時点で未来の事柄を決めるための学問である．社会基盤のように長期に利活用する施設を対象とすることから当然である．アジャイルな開発を志向して計画など不要とするイノベーションの開発現場とは，全く異なる次元の思想がそこには厳然として存在する．計画づくりはそのために社会として合理的な手順を検討する．土木計画学の名著である土木計画序説において長尾は，土木・計画学を「計画学そのものを考え，これの土木工学への適用を考える．これは土木技術者自体の問題である」と述べ，計画の思考過程，形成過程の論理の追求を当面の課題とした[3]．

本書は長尾の言葉を借りれば，土木・計画学という立場で，公共計画の分野に対する計画の思考過程，形成過程の論理を改めて示そうとするものである．本書のタイトルは講義名と同一ではあるが，土木計画とせずに土木と計画とに間を置いた背景は上記の通りである．また，土木工学の多くの学科が環境を取り込んだ土木・環境工学に発展してきたことも踏まえ，論理の追求を多少なりとも進めてきた自負から『土木と環境の計画理論』とした．

### 1.1.2　土木工学と未来のビジョン

#### (1)　日本は普請中

さて，改めて歴史に遡るが，森鴎外の短編小説のなかに「普請中（1910）」がある．明治の国家建設と東京の都市建設とが重なる時期の官僚の苦悩が吐露される場面で「日本は未だ普請中だ」と主人公に言わせるシーンがある．「普請」という言葉は土木事業全般を指していて，特に奉仕を伴う多くの人々の共同によって成し遂げる事業をさしていた．日本が普請中だという言葉には日本が未だに多くの国民の共同によって建設途上にあることを如実に表していた．

それから半世紀後に，三島由紀夫が論評（1956）で，「この短編の“日本は普請中だ”という主題ほど，古びないものはあるまい．今日この頃も，都心でビルの新築工事のために，さなきだに（注：ただでさえ）せまい道路がせばめられているのを見るたびに，私はこの短編が今日なお生きていると思う．」と書き記した[4]．それからさらに半世紀以上が経過したが，未だに東京の都心は再開発がいたるところで進行し，鴎外の“日本は未だ普請中だ”の言葉が生き続けているように見える．果たして東京に代表される日本の大都市はどれだけ魅力的になったのであろうか．

森地・屋井（1999）では「わが国の戦後50年は驚異的な経済成長を遂げ世界の奇跡と称された．これからの21世紀の50年は他国に例をみない優れた環境再生を短期間に達成して，世界からもう一度奇跡の国と呼ばれる未来の姿を期待したい」と提言した[5]．再生すべき環境はそれ以前から幾つもあった．地球温暖化対策が新たな課題となったが，地域再生や創造性を育む高質な生活環境の構築，個別には道路空間を車優先から社会の共有空間に変える工夫など，大局的な課題から個別具体的な課題まで幾つもあった．果たしてそれらのうちどれほどが奇跡の国に向かって普請中と称せるであろうか．

さて，鴎外の普請中から 4 年後の 1914 年に土木学会が誕生している．土木の歴史は古代から続き，土木工学としても英国の土木学会が 1818 年に設立されていることから，日本における学会成立が，既に明治が終わった時期であったことは意外に思われるかもしれない．工学すべてを包含する工学会の中心に土木があったからという，その理由は他の土木の書籍で広く紹介されているので，ここでは割愛するが，シビルエンジニアリングという土木工学の原語が，“市民のための工学” という立場で確立され発展してきたことは特筆に値するだろう．

### (2) 土木学会の 100 周年にあたって

その土木学会が 2014 年に 100 周年を迎えて，今後目指すべき社会と土木のビジョンを宣言し，そのなかで特に，「土木は地球の有限性を鮮明に意識し，人類の重大な岐路における重い責務を自覚し，あらゆる境界をひらき，社会と土木の関係を見直すことで，持続可能な社会の礎を構築することが目指すべき究極の目標と定め，無数にある課題の一つひとつに具体的に取り組み，持続可能な社会の実現に向けて全力を挙げて前進することを宣言する」とする百年宣言を採択した[6, 7]．

そして，そのため具体的に，安全，環境，活力，生活の 4 つの分野で次のような宣言を行っている．

(**安全**)　社会基盤システムの計画的な利活用と人々の生活上の工夫で，自然災害等の被害を減らし，安全な都市・社会の構築に貢献するとともに，社会基盤システムの安全保障を継続的に強化して，社会基盤施設が原因の事故で犠牲者を出さないことにあらゆる境界をひらき取り組む．

(**環境**)　自然を尊重し，生物多様性の保全と循環型社会の構築，炭素中立社会の実現を早めることに貢献するとともに，社会基盤システムに起因する環境問題を解消し，新たな環境の創造にあらゆる境界をひらき取り組む．

(**活力**)　社会基盤システムの利活用によって交流・交易を促進し，我が国が世界経済の発展に継続的に役割を果たすことに貢献するとともに，土木から新しい産業を創造して社会に役立てることにあらゆる境界をひらき取り組む．

**（生活）** 百年単位で近代化を回顧し，先人が培ってきた地域の風土，文化，伝統を継承し，我が国やアジア固有の価値を十分踏まえた風格ある都市や地域の再興と発展に貢献するとともに，地域の個性が発揮され各世代が生きがいを持てる社会の礎を構築することにあらゆる境界をひらき取り組む．

これら 4 つの分野での宣言内容は土木学会の当面目指すべき方向ということができる．

### 1.1.3 土木計画学の役割の変化と将来

#### (1) 土木学会 100 周年宣言の 6 つの方向性

土木学会 100 周年宣言（ビジョン）が，現時点の土木学会が示す土木の「立ち位置と方向性」を表すなら，そのなかに土木計画学が担うべき方向性があると考えることもできよう．同宣言には，“技術の限界を人々と共有すること”，“技術者や専門家が尊重される社会を構築する”ことが示されている．これらは科学・技術に対する信頼を高め社会で活用することを示している．また，同宣言では，“社会の制度設計に取り組むこと”，“様々な人々が協働して活躍する社会を構築する”ことが示されている．これらは社会の仕組みづくりに関わる事柄である．同宣言ではさらに，“土木が社会に様々な価値があることを理解する”こと，“土木が社会の価値選択に関心をもつこと”が示されている．社会における合意形成や社会的な決定に際して，土木が広い見識で取り組む姿勢が示されている．これら 6 つの方向性を実現するためには，実際に様々な取組みが必要になるが，土木計画学という立場で対応すべきことは少なくないだろう．この点を次に見ていこう．

#### (2) 土木計画学の役割に関する歴史的な理解

土木計画学の根本的な理論は何であろうか．そのことは長らく放置されたままに分野としての拡大が図られてきたと考えられる．土木計画学は土木工学にあって現在は極めて実践的な学問であり，現場を重視して必要に応じて地域に入り込みながら，地域の人々と共に問題解決や新しい取り組みを進めてきた．他方，国や地域の政策や法制度のあり方にも関心が高く，政策立案や制度設計にも大いに関わりを持って，土木計画学の研究者らは活動している．したがって，原論ともいうべき根本的な理論を持たずとも，専門性を持って社会に貢献するという立場が共通の理念といえるものである．

そのように考えると先の土木学会100周年宣言のなかの6つの方向性は，土木としてのありかたを改めて確認した根本的な理念であると同時に，土木工学の一分野である土木計画学が共有する理念と考えることができる．いや，それ以上に土木計画学だからこそ率先して達成できる目標ではないかとすら思える．社会の様々な価値の存在を認め配慮し，科学・技術の信頼を高め技術者や専門家が尊重される社会の構築を目指し，社会のあるべき制度設計に取り組むことで，社会の決定に貢献しようという理念である．

土木計画学がこれらを本当に共有すると言うことができるのかどうか，土木計画学の過去の議論に少々遡ってみておきたい．1982年の土木計画学研究委員会のシンポジウム「土木計画の実務と土木計画学」は筆者が学生時代に開催されたものであり，今でも強い印象が残る会議であったが，その記録集に次のような記載がある．「土木計画学には技術と理論があり，技術は計画をとりまく諸制度を前提としても機能すべきものであるが，理論は計画内容に関するもの，計画プロセスに関するもの，計画の前提となる制度に関するものから構成されるべきであり，これら3つが統合されて1つの思想になるとき，それが土木計画論と呼ばれるものであろう．このような計画論が構築されて，初めて土木計画学は実務に対しても本来の機能を果たすことができ，幅広い層の人々から支持されるものとなるだろう」というものである[8]．

また，同シンポジウムの別の報告では「計画プロセスは多くの人々が関与し，合意形成を得るためのプロセスであり，総合化のプロセスである．このため計画プロセスの研究は，土木計画学の発展に必要な計画論を展開する1つの重要な手掛かりとなる．これに関連し，合意形成の中で不可避な計画プロセスと住民参加の問題，相異なる価値観を持つ主体間のコンフリクト問題への研究開発が必要である」と記述されている[9]．紙面の都合上，これら2つの原文を若干縮めて記載しているが趣旨は変わっていないと考える．

このように計画の理論や手続きを今後の研究の方向として重視する傾向は，実は土木計画学の比較的初期の段階から議論されていたと考えられる．冒頭に紹介した「土木計画序説」では上記シンポジウムの10年前に，土木計画学の当面の課題を土木計画学の当時の2つの側面から提示している．1つは土木計画・学の側面からであり，それが土木の各部門の計画学として追究され，都市計画，港湾計画，道路計画のように土木工学的側面からの接近がなされるとされ，学問体系として総合科学を基盤に成立させるための課題が述べられている．

### (3)　本書の立ち位置

一方，土木・計画学の側面からは，冒頭に述べたように「計画の思考過程と形成過程の論理の追求」が課題とされ，「計画の思考過程」では，「目的・手段の吟味」，「評価の基準設定」，「合理的な手段選択理論の確立」，「計画の決定論理の究明」などが挙げられて，「計画の形成過程」では，「計画者と計画分析者の組織・役割の明確化」，「計画の影響者の計画参加の問題」，「各段階における評価・決定基準の問題と決定の方法」，「形成過程の動的管理」などが挙げられている．本書の目指すべき方向は，既にこの時点で長尾によって明らかにされていたと考えることができる．

本書は土木計画学のうち，公共土木計画の分野に限って，「計画の思考過程，形成過程の論理」をいくばくかでも示そうとするものであるが，そのことの必要性は土木計画学の成立当初から課題とされていた事柄であると再認識することができる．なお，土木計画学を土木計画・学と土木・計画学という2つの側面から捉える場合があることから，改めて本書の考え方を付記しておきたい．

本書では，**土木計画・学**を「中身の追究」と捉える．すなわち，人々の私的な価値としての「善」（本書で単に善という場合は私的な善をさす）が社会で対立することを認めた上で，公共性という「社会の善」（共通善）を追求することが「土木計画」という実践的な分野と定義する．そのように考えると，「土木計画」という固有分野の「学」を構築するべきということが主張できる．これは公共事業の必要性や効果・影響など計画の中身を検討することが中心課題となる．

一方，本書では**土木・計画学**を「形の追究」と捉える．公共政策，公共計画の全般に妥当し，通用する適正な枠組みや手続き，すなわち「社会の正義」を扱うという立場から考えると，土木という公共性に密接な分野から，一般化可能な「土木・計画学」を発信することが，決定行為などの正当化のために必要となる．市民参画を含めて計画のあるべき「形」を研究することが学問の中心になるだろう．土木計画学創設期に計画数理手法を「土木・計画学」の理論としたが，本書で定義する土木・計画学はそれとは大きく異なる．なお，土木計画学の教科書のうち最近の出版を参考のため巻末に示しておく[12], [13], [14], [15]．

# 1.2　計画の 7 つの要素

## 1.2.1　計画という言葉と計画の必要性

計画という言葉を辞書でひいてみよう．そこには「物事を行うに当たって，方法・手順などを考え企てること．また，その企ての内容（広辞苑)」，「事を行うにあたり，その方法や手順などをあらかじめ考えること．また，その案（大辞林)」，「ある事を行うために，あらかじめ方法や順序などを考えること．また，その考えの内容（大辞泉)」となっている．どれもほぼ同じ意味内容だが，最初に**プランニング**（計画づくり），次に**プラン**（計画案）が計画の意味として記載されている．ここで，「プランニング」は，「事を行うにあたっての，方法（手段）と手順（手続き)」であることから，「何のために事を行うのか」，すなわち「事を行う目的」に該当する意味が内包されていないことになる．「事を行う」ことが先決されている場合，計画を作ることの目的は，「当該の事を実現する」ことに帰結できよう．ただし，「事を行う」その行為の量や質は様々であろうから，その場合でも，方法・手順には目指すべき程度を表す目標の検討などがあって良いだろう．さらに，プランニングでは，一般に大枠の目的が先決されていたとしても，計画の内容に関わる具体的な目的や目標を定める必要はある．また，そもそもどのような「事を行う」のかを検討することが，土木計画の分野では計画づくりの重要な役目でもある．

なお，土木が関わる計画の分野には，地域計画，都市計画，インフラストラクチャ計画，空間計画，交通計画，土地利用計画，交通網計画，というように都市や地域など，かなりスケールが大きく，長期間に亘る計画が多い．エネルギー計画，下水道計画，河川計画，水資源計画，防災計画，環境計画，強靭化計画など実に様々な分野の計画が土木にはある．「計画無きところに事業なし」との言葉通り，土木計画の分野では長期に亘り効果や影響を及ぼす事業が多いことから，計画を重視することは当然であるが，いかなる計画が必要であるのか，また計画の要素や要件は何であるのか，そのようなことから学んでいこう．

## 1.2.2　計画の要素

### (1)　加納次郎の計画の 5 要素

計画をどのような要素に分解できるのか．あるいはどのような要素から成り立っているのかを考えてみよう．計画の要素について，加納次郎が「計画の科学」のなかで提案している５つの要素がある[10]．すなわち，①**目的**，②**手段**，③**対象**，④**構成**，⑤**主体**の５つである．加納は**表 1.1** に示したように，都市計画を例にして，主体として「都市住民」，対象として「公共施設，公共規制」，目的として「効果的な都市活動，快適な都市生活」，手段として「建設工事，法的規制」，構成として「市役所幹部，都市計画家，関係部局によってつくられ実行される」をそれぞれ挙げている．この記述から推察されるのは，「主体」というものが，「誰が作る計画か？」というよりも「誰のための計画か？」という視点を重視しているということである．現代ではステークホルダーと呼ぶ．また，「構成」についても，それが計画の構成ではなく，「誰が作る計画か？」と同等の，「計画を策定し実行する主体」を含む概念であることに特徴があるが，そのままでは言葉の意味として誤解を生みそうである．

### (2) 本書における計画の７要素

本書では，この５要素を，新たに７つの要素として再定義する．すなわち，主体を**計画主体**として再定義し，構成に示された「誰が計画を策定し実行するのか」という責任を有する主体については「計画主体」に含めることにした．一方，構成については，当該計画の内容を指して構成と呼ぶことにし，他の計

**表 1.1** 計画の５つの要素（加納次郎の例題）

| 要素 | 家計の計画 | 企業の生産計画 | 都市計画 |
|---|---|---|---|
| 主体 | 家計の全員 | 経営者，株主，従業員，顧客等 | 都市住民 |
| 対象 | 家族員，その必要とする財貨，サービス | 製品 | 公共施設，公共規制 |
| 目的 | 家庭生活，家族の幸福 | 利潤追求，企業の安定と成長，社会への貢献等 | 効果的な都市活動，快適な都市生活 |
| 手段 | 収入と支出 | 生産要素 | 建設工事，法的規制 |
| 構成 | 世帯主や主婦の作業によってつくられ実行される | 経営者や製造部構成員等によってつくられ実行される | 市役所幹部，都市計画家，関係部局によってつくられ実行される |

画との関わりをも構成と呼ぶことが煩雑であることから，それを**体系**という要素に分離して考えることにした．

また，加納が主体に含めた「誰のための計画か？」という要素については，「住民」や「国民」といった主体を，必要に応じて「目的」や「対象」という概念のなかで十分に反映すべきとした上で，「構成」に含まれていた**手続き**という要素を新たに独立させ，そのなかに住民や市民の参加という概念を含ませることにした．

以上より７つの要素は，**図 1.1** に示したように，主体，対象，目的，手段，構成，体系，手続きとなる．本書では以下にこれらの概要を述べた上で，手段については**第２章**で，体系については**第３章**で，手続きについては**第５章**で詳しく論じる．

さて今日，計画の効果や影響が広く国民や住民に及ぶ場合や，あるいは積極的に国民や住民の協力を期待することで十分な効果を挙げることが出来る場合など，計画自体が多様化しており，上記の５つの要素だけで十分とは言えないことが明らかである．そのような状況にも拘わらず，計画づくりの途上で国民や住民に十分に配慮した手続きを行っていない場合もある．そのような場合には，計画内容を定めた後で強い反対を受けたり，計画の効果が十分に発揮できない事態が生じたりすることも予想される．

そこで計画の確定に至る手順を表す**手続き**を新たに要素に加え，そのなかで計画の確定前に国民や住民が計画づくりに参画する**市民参画**を前提とする公共計画のありかたを改めて構想することにした．なお，市民参画とは**パブリックインボルブメント**とも呼ばれ，住民，市民，NPO 等の計画づくりへの関与・参画のことである．詳細は本書の**第７章**に譲る．

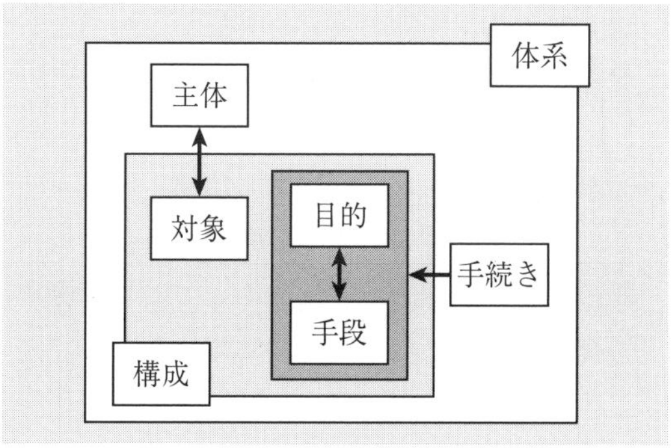


**図 1.1**　計画の７つの要素（本書の提案）

## 1.3　計画の主体

たとえば，交通の計画では，国や地方自治体，民営化された組織（JR各社，高速道路会社，空港会社など），鉄道会社やバス会社（民間，公営，第3セクター），あるいはその他の企業（PFI事業のSPCなど）などが公共サービスを提供することから，これらが計画主体となりえる．

加納の定義では主体が住民ということになるが，伝統的に土木計画の教科書では，主体に住民を入れていない．近年は住民主体の身近な土木工事が開発途上国のコミュニティなどでも行われることがあり，住民が主体という場合，事業そのものを住民自らが行う場合が想定される．したがって，計画主体として住民を捉えるなら，住民自らが計画を策定する場合が該当するであろう．一方，住民のための計画という場合には計画の目的にそのことが示されるべきであり，住民を主体にしてしまう結果，計画の策定や実施の責任が曖昧になってしまうと考えられる．

そこで本書では計画主体という言葉の曖昧さを排除するため**図1.2**に示すように計画主体を7種類に細分化することを考えた．これらは以下のように説明できる．

①**策定主体**：計画案を取りまとめる主体
②**決定主体**（あるいは**承認主体**）：
　計画を決定する権限を有する主体
③**実施主体**：計画の内容を実施する上で責任を有する主体
④**専門主体**（あるいは**諮問主体**）：
　計画の策定に関わる外部の専門家，その機関
⑤**参画主体**（あるいは**協力・協働主体**）：
　計画の策定や実施に参画する主体
⑥**影響主体**：計画の実施によって広く影響を受ける主体
⑦**関係主体**：計画の策定や実施にあたって広く関係する主体

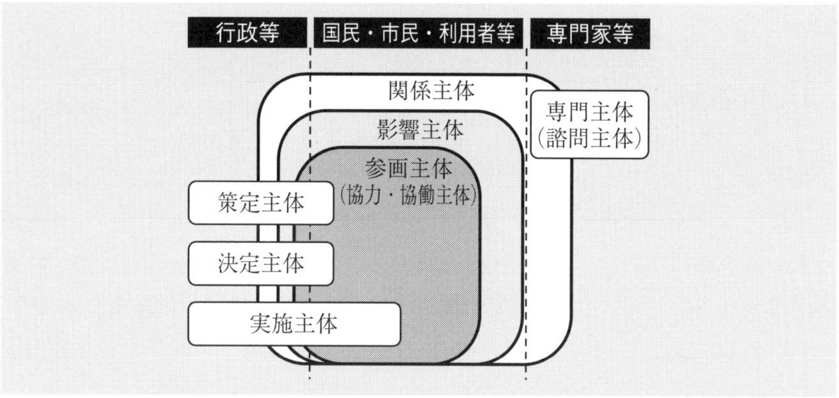


**図 1.2**　計画に関わる様々な主体の関係（公的な計画をイメージした例示）

公共事業などの事業計画の策定主体，決定主体，実施主体は国や地方自治体などの行政になることが多い．民営化が進展したことから実施主体が民間になる事業も増えている．議会は計画の承認主体や決定主体であることが多く，個々の政治家は計画に対して関係主体の一部と考えることができよう．一方，市民や住民は参画主体，影響主体，関係主体として計画に関わることがあり，後述する公共計画などでは計画の決定主体が国や地方自治体などであっても，国民や市民などが参画主体や関係主体，あるいは策定主体の一部として積極的に計画の策定やその実現に関わることが期待される．なお，関係主体の範囲については幅広く捉えることが可能で，最も広い範囲なら国民や市民のすべてが公共計画の関係主体になる．また，米国の地域計画の規定などでは，当該計画に関心を持つ人物なら誰でも関係主体という立場におかれると考えられている．

なお，行政などが計画主体となって進める計画づくりが，真に市民や住民のための計画であるかといった観点からは，行政の**ガバナンス**（統治）という概念が重要である．たとえば，欧州委員会では 2001 年に「良きガバナンスの諸原理」を取りまとめて，そこで「情報公開」，「説明責任」，「公衆の参加」，「有効性」，「一貫性」という 5 つの諸原理を満たす体制や主体のもとで，政策や計画が実行されることが求められている[11]．このように組織としてのありかたや，計画を決定する主体としての正統性等が問われる場合もあることに十分留意する必要がある．

# 1.4 計画の種別と対象

## 1.4.1 計画の種別

土木と環境の計画理論が関わりを持つ計画には，**法定計画**と言って法律によって策定することが定められている計画がある．たとえば，都市計画のように，個人の土地や建物の改変に規制を加える場合などは，法律に基づく計画が前もって必要になる．一般に，政府が規制や給付などを行う場合には法定の計画が必要とされる．一方，**非法定計画**も多数存在する．特に**行政計画**と言って，法律に基づかなくても，行政が自らの行為やそれら行為の方針を定め実施することが説明責任等からも必要と判断した場合に策定される計画がある．また，**公共計画**という概念があるが，これは公共性の高い計画の総称であり，本書の対象とする計画の一般名称ともいえ，**1.4.3 項**で述べるように公的計画のなかの主要な計画となっている．

なお，計画の種別として**外部効計画**と**内部効計画**という区別もある．前者は規制や給付などの行政行為のため法制度化が必要な計画で，計画の効果が行政の外部に及ぶ．一方，後者は行政内部や行政間の調整などのために必要となる計画であるが，計画の効果は行政内部に留まる．

## 1.4.2 行政計画とその性質

国や地方自治体などの行政組織が，自ら策定・決定し，実施する計画を「行政計画」と呼ぶ．「行政計画」は**行政裁量**で実施可能な計画であり，非拘束的計画であれば，法律を必要としない．一方，**拘束的計画**（規制や給付といった外部効を伴う計画）の場合は，法定計画とする必要がある．行政計画のうち，計画の関係主体や影響主体が協力・協働しなければ計画目的を達成できない場合には「公共計画」という言い方をする．

たとえば，国土形成計画という法定計画がある．これは行政計画であり，かつ公共計画である．一方，同様に法定計画である社会資本整備重点計画は，行政が執行する事業リストが示された計画であることから行政計画の面が強い．ただし，この計画は公共計画である国土形成計画を上位計画とする点において公共計画ということもできる．

### 1.4.3　公共計画とその性質

「公共計画」は，その計画が有する目的によって定義でき，その目的が「行政を超えた人々の協力なくして実現できない社会や地域の将来に関わるもの」である場合に該当する．「行政計画」のうち，行政自らが実行可能な計画，たとえば，行政の事務効率化を図る計画などの内部効計画については，「公共計画」に該当しないと考えられる．

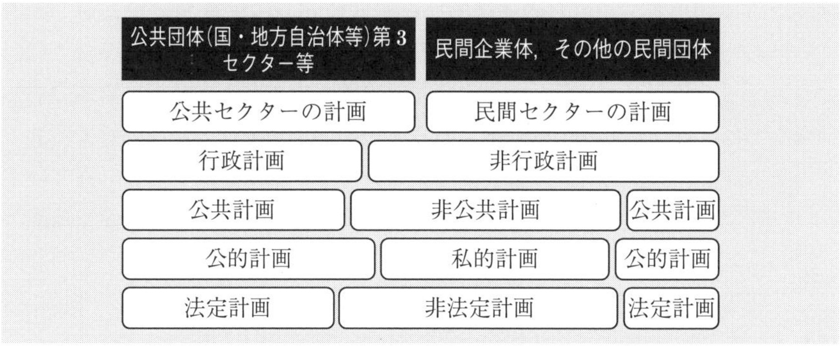


**図 1.3**　計画の種別（公共計画の位置付けなど）

たとえば，A 市の公共計画である「都市計画マスタープラン」に位置付けられた交通計画として，①鉄道延伸計画，②バス網再編計画，③シェアサイクル導入計画があったとしよう．これらが民間企業の事業によって実現されるものであったとしても，それらの計画の位置付けは「公共計画」である．要するに，一見すると民間企業の計画であっても，その上位計画の目的に遡ったときに，それが「公共計画」の定義に当てはまるならば，当該計画は「公共計画」の1つと位置付けることができるのである．他方，鉄道会社やバス会社の中期経営計画のような企業内の計画は，そのなかに「公共計画」に関わる事業が一部で記載されていたとしても性格上は公共計画ではなくて「私的計画」となる．

さらに，「公的計画」という種別を考えることができる．これは「公共計画」と「それ以外の公的計画」との集合であり，ここで公共計画以外の公的計画とは，公共セクターの内部効計画（工事の工程管理計画，機関の効率化計画）や民間セクターの公共貢献計画（公共計画への位置付けがないもの）などが該当する．一方，都市施設等の計画（物流施設，港湾・空港，河川堤防，ごみ処理場，下水処理場等）は当然のことながら「公共計画」であり，市民や住民の協力が立地選定から目的の達成（環境負荷軽減等）に至るまで極めて重要な計画となっていることも理解できよう．以上を簡単にまとめると**図 1.3**のように示すことができるが，各ボックスの長短はイメージに過ぎない．

### 1.4.4　土木計画の対象

土木計画の分野で策定される計画については，既に幾つか例示したように様々なものがある．これらの体系的な理解については**第 3 章**に譲るが，大きく分けると，計画がカバーする対象分野の広さや対象期間の時間的な長さに応じて異なる計画が存在するといえよう．国の国土形成計画や地方自治体の総合計画などは分野横断的な上位計画であり，短期の個別分野の計画の対極にあるといえる．また，空間計画と**社会基盤**（**インフラストラクチャ**）の計画という2つの概念で計画を区分することもでき，空間計画には国土利用計画や地域計画，都市計画マスタープランなどを例として挙げられる．一方，社会基盤計画には，高速道路，一般道路，駐車場，新幹線鉄道，都市鉄道，鉄道駅，空港，港湾などの交通施設やバス，タクシー，自転車，歩行者などを含む都市交通システムの計画，発電・送配電等のエネルギー施設，ダム，河川，上下水道など土木工学に関わる多くの分野が該当し，それぞれに社会基盤の計画が存在する．さらに，社会基盤の整備だけではなく，維持管理を含むマネジメントの計画や経営・運営の計画，財政計画など様々な計画が存在する．

# 1.5　計画の目的と目標

## 1.5.1　計画の目的の 4 つの区分

「計画の目的」という言葉は一見分かりやすいようで，実は多義的で「目標」との使用上の混同があるため，理解しにくい使用例も少なくない．本書ではそれらを以下の **4 種の計画目的**に区分可能と考えている．すなわち，

①**計画を作る意図・ねらい**（パーパス，以下これを**目的** P と記す）：これは目的と手段の関係の枠の外にあっても構わない目的である．計画を策定する真のねらいが因果連鎖の枠組みにはまらない意図を伴う場合もあることから，手段との明白な連鎖を伴わない目的として表現される．

②**計画体系によって到達したい遥かな目標**（エンド，エイム，以下これを**目的** E と記す）：原因である手段によって実現される結果が目的であると捉えるなら，因果連鎖の最上位の最終到達点に当たるものが計画の「最上位の目的」である．「最終目標」と呼ばれることもある．当該計画のみで達成できるとは限らない．

③**個々の計画によって達成したい事柄**（オブジェクティブ，以下これを**目的** O と記す）：これは計画の目的と手段の関係で定められる目的であり，計画の目的という場合，最初に挙げられるものといえよう．これを目標と呼ぶ計画も存在する可能性はあるが，本書では混乱を避けるため目的の 1 つと定義する．なお，上位計画と下位計画とが結び付いている場合，下位計画の目的 O はその上位計画の手段に一致することになる．

④**計画目的の達成状況を計る目安**（ゴール，ターゲット，以下これを**目的** G と記す）：これは目標と称されることもある．最上位の目的とは異なり短期的な設定も可能なものがゴールである．数値指標を用いる場合には数値目標とも呼ばれる．

一般に計画書において，上記の目的の 1 つないし複数が示されているが，その表記方法については「目的」，「目標」，「方針」，「ゴール」など様々である．ただし，「目的」とされているものの多くは①または③であり，「目標」とされるものも多くは②または④と考えられる．

表 1.2 土木計画に関わる法定計画の目的と手段

| 法律名 | 計画名 | 計画目的 P | 計画目的 E | 計画目的 O | 計画目的 G | 計画の手段 |
|---|---|---|---|---|---|---|
| 観光立国推進法 | 観光立国推進計画 | 法 10 条 1 | 法 1 条<br>法の目的と同一 | 法 10 条 2 一<br>基本的な方針 | 法 10 条 2 二<br>目標 | 法 10 条 2<br>三，四<br>施策 |
| 交通政策基本法 | 交通政策基本計画 | 法 15 条 1 | 法 1 条<br>法の目的と同一 | 法 15 条 2 一<br>基本的な方針 | 法 15 条 2 二<br>目標 | 法 15 条 2<br>三，四<br>施策 |
| 国土形成計画法 | 国土形成計画 | 法 6 条 1 | 法 1 条<br>法の目的と同一 | 法 6 条 2 一<br>基本的な方針 | 法 6 条 2 二<br>目標 | 法 6 条 2<br>三，四<br>施策 |
| 社会資本整備重点計画法 | 社会資本整備重点計画 | 法 3 条 1<br>基本理念が該当 | 法 1 条<br>法の目的と同一 | — | 法 4 条 3 一<br>重点目標 | 法 4 条 3<br>二，三<br>事業概要，措置 |
| 自転車活用推進法 | 自転車活用推進計画 | 法 9 条 1 | — | 法 8 条<br>基本方針<br>（手段と同等） | 法 9 条 1<br>目標 | 法 9 条 1<br>措置 |

### 1.5.2 計画の目的 O と目的 G の関係

計画の目的 O と目的 G という似通った言葉の違いと類似点を見るために，まずは例題から始めてみよう．たとえば，弓を射って的に当てる行為（手段）について，その目的を考えてみる．すると，目的 O は「集中力の鍛練」であり，目的 G としては「10 本中 3 本を中心部に命中させること」という数値目標をセットすることが考えられる．この場合，目的 O は成し遂げようと目指すことがらであり，目的 G は目的 O を達成するために設けた目当てということができ，数値目標のように使われることも少なくない．たとえば，マニフェスト型の政治などは，その是非はあるものの，目標設定型とも言える数値目標を多数掲げている場合もある．

日本の法定計画について概観すると**表 1.2** のようになる．計画の目的 O として，対応する法律に記された基本方針が概ね該当するようであり，計画の目的 G については，それぞれの法定計画に記された目標が該当すると考えられる．たとえば，交通政策基本計画では「交通に関する施策についての目標」が，観光立国基本計画では「観光立国の実現に関する目標」が，国土形成計画では「国土の形成に関する目標」が，そして自転車活用推進計画では「自転車の活用の推進に関する目標」がそれぞれ対応している．同表では各法定計画について目的 P や目的 E も含めて整理してみたが，あくまでも筆者の理解によるものであることを付記しておく．

### 1.5.3　目的 G の種別

以上に示した目的 G については，**アウトカム目標**と言って，○○年までに○○％にする（例：渋滞個所を 2020 年までに 20% 削減する）というような数値目標と，**アウトプット目標**と言って，道路整備延長のような事業量や仕事量など出力量そのもので表される数値目標がある．前者は目的 O に対応する目当てとしての数値目標であるが，後者はよく見ると目的 O に対応していない場合がある．

また，計画の目的 G として数値目標が設定できない場合に定性的な目標が設定されることも少なくはない．たとえば，豊かな社会の達成を目標とすることや，安全で快適な暮らしの実現を目指すといった場合である．これらは計画の策定目的である目的 O と類似する内容になることも多く，計画の目的 O と目的 G とを曖昧で区別のないものに見せる場合も少なくない．

一方，数値目標にも種別があり，「予測可能目標」は将来予測に基づいて設定され，将来時点で検証が可能な数値目標であり，将来交通量や将来の渋滞長や混雑率等が該当し，これらは交通需要予測の技術を活用することで計画プロセス上も対応できる．また，「観測可能目標」は予測困難ではあるが，将来時点で観測が可能な数値であり，たとえば市民や利用者等の満足度水準，すなわち不満を表明する人の割合などが挙げられる．この数値は現在も将来もその時点でアンケート調査を行うことで観測可能ということができる．

### 1.5.4 目的O設定の2つの基本型

計画の目的Oが上位計画の手段と一致する場合もあるが，目的Oを独自に設定する場合には以下の2つの考え方がある．1つは問題に対応して解決を図る「問題対応型」の目的設定である．それは過去から現在に至る問題と，現時点では顕在化していないが将来発生が予想される問題への対応という2つに分かれる．そしてもう1つは，将来目指すべき新たな方向を見定めてその実現に向けた目的を設定するもので，「将来戦略型」の目的設定ということができる．

従来策定されてきた都市や地域の計画の目的Oを概観すると以下のような項目を事例として挙げることができよう．すなわち，

①**隘路打開，混雑解消**（効率性，利便性の重視）
②**ミニマムの供給**（公平性の重視）
③**生活の質の向上**（公害対策，大気環境，生活環境の重視）
④**安全な社会の実現**（安全性，頑強性，防災力）
⑤**国際競争力の強化**（持続可能な成長，産業・国際拠点の重視）
⑥**都市や地域のリノベーション**（既存ストック活用，施設更新・再生）
⑦**空間利用の見直しとコンパクト化**（成長管理，スマートグロース）
⑧**環境重視社会への転換**（環境の再生から新たな創造へ）
⑨**生活環境の最重視社会へ**（高質な居住環境，国際競争力）
⑩**地球環境問題（温暖化対策）への積極対応**（地域の役割と責務）
⑪**レジリエントな社会への対応**（巨大災害への事前の備え，社会の持続性向上）

等である．

# 1.6　計画の手段と土木事業

## 1.6.1　手段としての土木事業

一般に計画の手段には，**対策**（メジャー），**政策**（ポリシー），**施策**（プログラム），**建設・整備**などが該当する．たとえば，交通計画の場合には交通のネットワークや結節点，交通路などの施設やシステムを整備・更新し，あるいは維持・管理・運用することなどを手段として挙げることができる．通常，目的達成には複数の手段が選択可能である．道路の建設という土木事業は交通混雑解消等の目的実現のための１つの手段に過ぎない．道路建設自体が目的ではなく，他の手段（公共交通整備，交通需要マネジメント等）も選択可能である．道路の橋やトンネルの維持管理にしても，サービス提供や安全という目的のもとで行う土木事業であり，手段という点では供用停止を含む幅広い手段の検討が必要な場合もあり，手段を目的化してはならない．

## 1.6.2　計画間の手段と目的との関係

### (1)　手段連鎖型の手段・目的関係

目的と手段がセットになって１つの計画が形づくられるが，計画の手段はその下位の計画の目的に一致していると考えることができる．この場合の目的は先の４分類のうち目的 O に該当し，目的 O の性質上，それを手段とする上位の計画を設定することが可能である．この場合，複数の計画が**手段連鎖型の計画関係**を有しているということができる．図で表現すれば**図 1.4** のようになる．下位に位置する計画が複数存在する場合が多いことから，一般にはピラミッドのように広がっていくと考えられるが，ここでは簡単にするため１対１で連なる関係を表示している．加納が示した関係に一致する[10]．

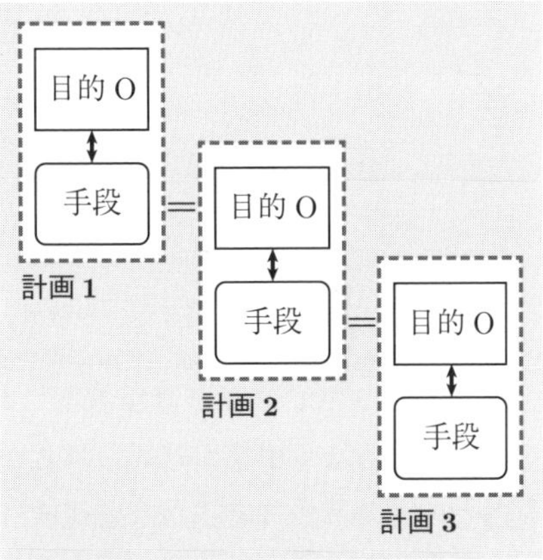


**図 1.4**　手段連鎖型の計画関係
（下位の計画の目的が，上位計画の手段に一致する場合）

さて，具体的に考えてみよう．**図 1.5** のように，目的と手段が連なっている場合を考える．この図の場合，最上位の計画1の目的O（あるいは目的E）が，温室効果ガスの排出削減であったとして，その手段として道路交通からの排出削減が選ばれたとしよう．この手段は下位の計画2の目的Oになり，その手段として，道路交通渋滞の緩和が選ばれたとすれば，これはさらに下位の計画3の目的Oにすることができる．そして，計画3の手段がバイパスの建設であったとすれば，さらにバイパス建設を目的とする下位の計画を策定できるだろう．そうなれば，その手段として建設ルートの選定というアクションを選ぶことができる．さらに建設ルートの選定を目的Oとして選定ルート上での詳細化（構造検討）を手段として検討することができる．

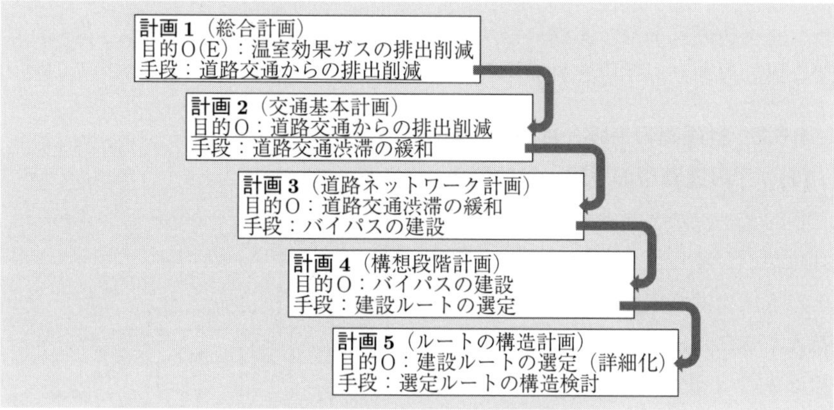


**図 1.5**　手段連鎖型の計画関係の例

さて，ここまで階層が連なると，もはや最上位の計画Oを念頭に手段選定を行うこともなく事業が進められるかもしれない．一見すると合理的な手段と目的との連鎖関係であるが，構造検討を行う段階でその目的が選定されたルートの詳細化のためだけとの理解が共有されて構わないだろうか．土木技術者としては少々スコープが狭いように思われる．ここで目的とされた建設ルートの選定（詳細化）は，そもそもバイパス建設の手段に過ぎないのであるから，たとえ構造検討を行う段階でも，最上位の目的Eである「温室効果ガスの排出削除」を念頭にしなければならないだろう．

### (2)　目的共有型の手段・目的関係

次に下位の計画が目的Eを共有する場合を想定してみよう．たとえば，農作物の生産量を増やしたい（これを目的Eとする）ために，日陰をなくすという手段を考えたとしよう．これを計画1とする．そして日陰をなくすために木を切るのが計画2となり，木を切るためにノコギリを使うのが計画3である．やけに細かな計画であるが，説明のためとしてお許し願いたい．これを(1)の目的と手段の連鎖関係で記述すると，作物をより良く育てるために日陰をなくすという手段が取られ，それを目的として木を切る手段が取られ，木を切る目的のためにノコギリが手段として選ばれたということになる．

しかしながら，ノコギリも，木を切るのも，日陰をなくすのも，それらの目的はすべて農作物の生産量を増やしたいためである．そこで，常に最上位の目的を下位の計画が共有する関係，**目的共有型の計画関係**というものを想定することができる．図に示せば**図 1.6** のようになる．直上の計画の手段を目的Oとして引き取らない連鎖関係ということができる．概念的にはあり得るが，ノコギリを使うように些末な計画は実際には不要であるし，目的Eのみを共有する関係は実在しないかもしれない．

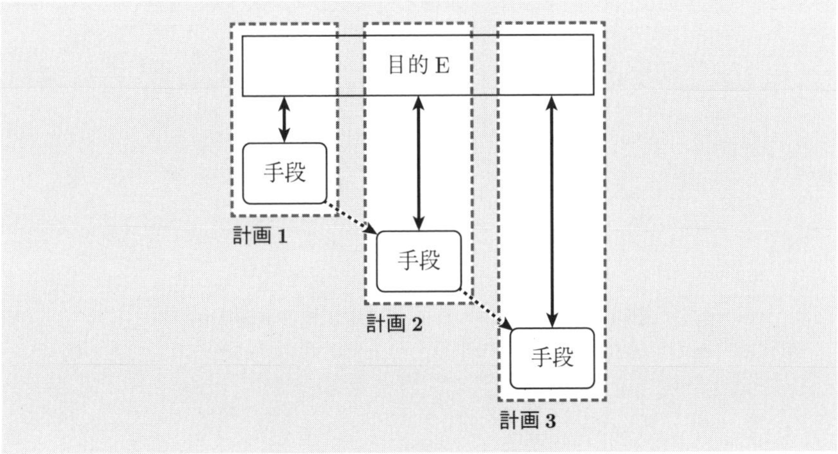


**図 1.6**　目的共有型の計画関係
（下位の計画の目的が，上位計画の手段に一致する場合）

### (3) 手段連鎖・目的共有複合型の手段・目的関係

そこで，以上に挙げた2つを融合した関係，**手段連鎖・目的共有複合型の計画関係**を構想することができるだろう．**図 1.7** に表した関係である．計画の手段と目的との関係を考える場合，図のように上位計画の手段が下位計画の目的であると同時に，目的Eを下位の計画においても共有することが考えられるだろう．(1) と (2) との関係の融合といえる．(1) は単純で理解しやすく，それぞれの役割を分担することに向いている．しかし，土木計画のように効果や影響の大きな計画では，それはあまりに単純化し過ぎともいえる．各計画の担当者がそこだけしか見えない仕事，あるいは社会から土木がそこだけしか見ていないと思われるのでは問題を孕むと考えられる．総合工学たる土木工学のスコープは広く深い．下位に位置する事業に近い計画を担当する場合も，目的Eを常に意識し，直近の目的Oのみを妄信せずに検討することが望ましい．

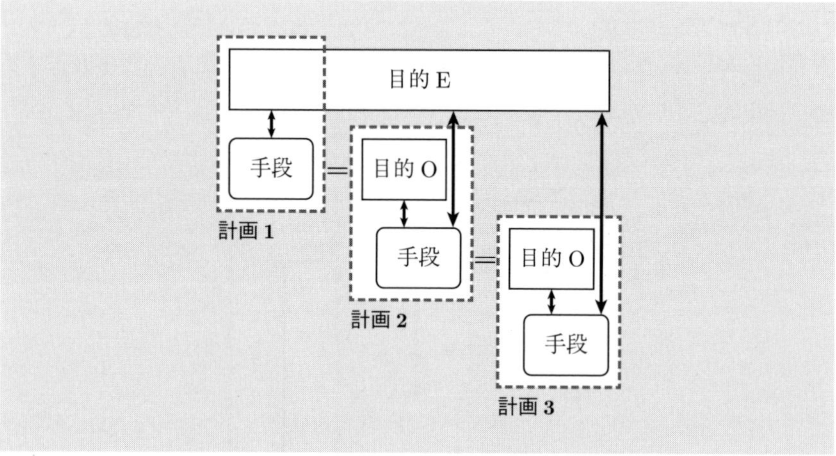


**図 1.7**　手段連鎖・目的共有複合型の計画関係
（下位の計画の目的が，上位計画の手段と最上位計画の目的との両者である場合）

## 1.7　計画の構成，体系，手続き

### 1.7.1　加納の計画の構成

加納次郎による「構成」の定義については，たとえば，都市計画における「構成」について，「市役所幹部，都市計画家，関係部局によってつくられ実行される」という内容を計画の構成と称した．また，別項では「構成」が①計画内部のつながり，②計画間のつながり，③時間的流れ・動的な関連，の3つを意味するとした．ただ，これらをすべて「構成」という1つの要素で理解するのは少々難しい．

加納自身「すでに述べたように，計画が五つの要素から成り立っているというのが，本書の重要な提案の一つであった．そのなかで，主体，対象，目的，および手段の4要素については，従来の研究もあり，比較的早く結論に達したが，もっとも苦心したのがこの構成の要素である．（中略）計画の実際の手法として，全体計画と個別計画の区分のような参考となる点は少なくなかった．しかしそれらを一括して，あるいは幾つかにわけて，計画の要素として何をえらぶかについては，拠るべきものがまったくなかった．」（計画の科学より）と述べている．

そこで本書では，計画の「構成」は①に留め，計画の「体系」によって②，③をカバーすることにした．また，③にいくらか含まれると想像できるが，特に加納の時代以降に重要性を高めてきた計画の「手続き」を新たに要素に加えることにした．したがって，本書における計画の構成とは，計画書の構成そのものを指し，加納の言葉で言えば「主体，対象，目的，手段という4要素の内面的なつながりを明らかにするもの」ということができる．

### 1.7.2　計画の体系

次に新しい要素である「体系」について少々解説しておく．本書では複数の計画間の結び付きを計画体系と定義し，それを表現した図を計画の体系図と呼ぶ．計画体系図は主に以下の3つの全体像を示すために用いられることが多いと考えられる．①国や地方自治体などの組織や地域で有する計画の全体像，②特定の計画を取り巻く関連計画の全体像，③特定事業の上位計画から実施までの全体像の3つである．詳しくは**第3章**で学ぶことになる．

### (1) 計画体系を構成する3つの型式

1つの計画がそれ1つで存在して役割を果たす場合もあるが，国や地方自治体などが策定する行政計画では，複数の計画が相互に関係を持つことで行政の全体業務が遂行される．そのとき行政の行動指針から実行までを形づくる計画の体系が存在すると考えることができる．この体系を切り出せば，**図1.8**に示したように，上位と下位の計画を関係付ける直列型の体系，相互に関係を有する計画間の関係を表した並列型の体系，あるいは，これら両者を同時に表した総合型の体系が考えられる．

これらの関係を総合型で解説しよう．たとえば，地方自治体が策定する総合計画（基本構想等）は，都市計画や交通計画，あるいは環境計画や防災計画等の分野別計画の上位計画に位置付けられる．一方，これら下位計画に位置付けられた各々の計画の間にも整合性が必要になる事柄が少なくないことから，下位計画相互にも体系としての関係性が必要になる．一般にこのような総合型の全体像から一部を切り出して示したものが，直列型や並列型の計画体系ということになる．

実際には関連する計画が数多く存在することから，体系として示されるものの多くは総合型となるだろう．これらは計画間の制度上の関係を包括的に表すものといえ，前節に示した目的の共有という視点から描かれるものではないことを付記しておく．計画体系の詳細については**第3章**で改めて学ぶ．

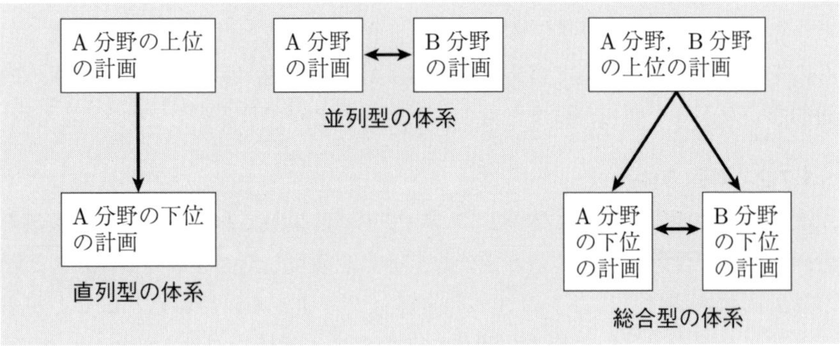


**図1.8** 計画体系の基本的形態

### (2)　直列型の計画体系と政策の位置

直列型の計画体系として**図 1.9** を例示した．ここでは計画と政策という言葉が入り組んでいるため，少々解説を加えたい．このような直列型の計画体系では，政策や法律に基づいて上位計画が定められ，そのもとで実施に至る下位の計画が策定され実行される全体像が表現されることになる．このとき最上位に置かれた政策は，いわば一般用語として用いられ，福祉政策，教育政策，交通政策など分野別に括られる．それら政策の基本的な方向を総合的，横断的に示すものが基本計画や長期計画となる．

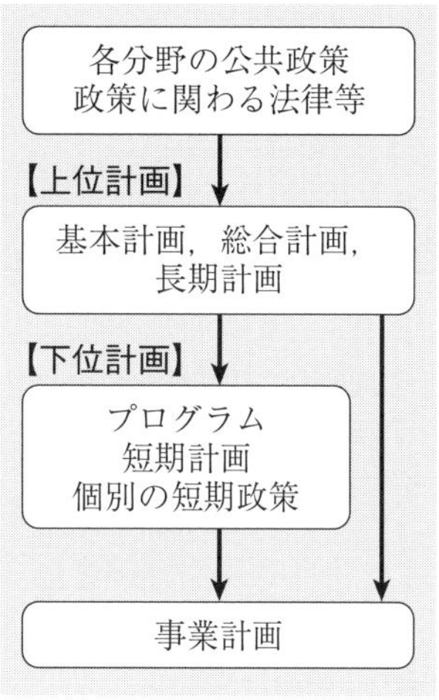


**図 1.9**　政策から上位計画，事業計画に至る直列型の計画体系図

たとえば，地方自治体の各県が条例で定める基本計画の定義が，一般に「行政全般に係る政策及び施策の基本的な方向を総合的かつ体系的に定める計画」とされることから，「政策の基本方向」を束ねるものが「基本計画」といえるだろう．一方，個々の政策は「基本計画のなかみ」として位置付けられることになり，個別的で短期的な政策は上位計画の手段として改めて下位の計画や政策として配置されることになる．

交通計画を例に挙げれば，交通政策の位置付けは以下の 2 つが考えられる．すなわち，「交通に関わる行政の方向性を示し，個々の計画遂行の根拠になる指針のこと」を意味して交通計画の上位に位置付けられる場合と，「規制，誘導，支援等によって交通計画の目的達成に貢献する手段のこと」を意味して交通計画の手段として下位に位置づけられる場合の 2 つであると考えられる．

## 1.7.3　計画の手続き

次に計画の手続きについて考えてみよう．行政計画などは従来から行政の内部検討で策定されていたため，行政内の検討・承認手続きが計画の手続きであったといえよう．仮に当該行政以外の関係機関等が関わりを持つ場合，委員会や審議会，あるいは議会などでの審議を踏まえることが手続きであったと考えられる．専門性の高い技術的内容を検討する場合も，専門家を交えた委員会を設置するなどで計画が策定されていた．したがって，「計画づくり」という動的な取り組みを「手続き」という言葉で表現した場合，それは概ね計画策定主体の内部の策定手順に外部の主体が何らかの形で関わりを持つプロセスとして進められていたと考えることができる．

一方，大きな効果や影響を及ぼす公共事業などの計画では，過去に地域住民などからの大きな反対に直面した事業が止まる事態も生じたことから，世界各国で必然的に計画の手続きを見直してきたという背景がある．特に，「公共計画」では，市民や住民などが計画目的の実現に関わりを持つことから，計画づくりの段階から市民などの参画を前提に計画策定のプロセスを設ける必要が生じてきた．これを**住民参加**，**市民参画**，**公衆関与**などと呼ぶ．

公共計画を決定する際に，社会的な合意形成を目指し，社会の一定の理解の上に決定することが求められるようになり，そのために正当な手続きとして，透明性，説明責任，対話機会などの確保が必要になってきた．価値が多元化する現代社会では，実質的正義について，全員の合意を取り付けることが困難であり，相対的に手続き的正義が重視されてきているという法哲学における見解などもあり，計画の確定によって利害が明確になる場合には手続きのありかたが特に重要とされてきた．これらに関する詳しい解説は**第5章**および**第7章**に譲る．

さて，ここでは**デュープロセス**（適正手続き）にも触れておこう．**1.4節**に述べたように，計画が国民や市民等に対して規制を伴う場合，都市計画のような法定計画が必要である．そのような規制を実行するためには法律に基づく手続きが必要になる．これは日本国憲法31条に定めがあり，「何人も法律の定める手続きによらなければ，その生命もしくは自由を奪われ，またはその他の刑罰を科せられない」という規定に根拠をおくものである．このような考え方は，古くはイギリスの1215年の大憲章（第38条）に由来し，アメリカ合衆国の憲法の適正手続き条項などにも引き継がれている考え方である．

たとえば，都市計画で定めて道路や公園などを新たに整備することを考えた場合，当該の土地に住む住民に新たな建築の規制が生じ，また整備段階になれば立ち退きを求めることになろう．そのため新たな建築を制限する前に法定計画を定める必要があり，当該計画を決定する前に適正な手続きが必要とされることになる．本書ではこのように計画を決定する前に必要となる法定の手続きに限らず，計画づくりを進める上で用いられる手続きを含めて，**計画プロセス**と呼ぶが，その考え方については**第 5 章**で改めて学ぶ．

### ◆◆本章のまとめ◆◆

本章は計画理論を概観するため，歴史に遡って土木計画分野の役割を俯瞰し，未来社会の予想が困難だとしても，各時点で決断を求められることから計画が必要とされてきたことと，今後もそのような取り組みに土木工学，土木計画学が果たすべき役割が大きいことを解説したものである．土木工学の目指すべき方向は，土木学会 100 周年宣言に集約され，そこでは安全，環境，活力，生活という時代で不変な 4 つの分野の目的と土木のありかたが明快に示されている．それを受けて土木計画学として改めて考えるべきことは，同分野が当初から抱えていた課題にあり，それは主に「計画の思考過程と形成過程の論理の追求」に関わることを理解した．そして，その課題に対応する本書の立場が示され，その上で計画の 7 つの要素，計画の 7 種類の主体，公共計画と行政計画の相違，計画の 4 種類の目的，計画間の手段と目的との関係，計画の構成，体系，手続きなどを学んだ．

## 1 章の問題

□ **1.1** 次の各問いに答えよ．

(1) 計画の要素を 5 つから 7 つに増やした理由を述べよ．

(2) 計画主体の 7 つの種類のうちで市民が担える主体はどれか．

(3) 公共計画であってかつ行政計画ではないという計画はあるか．

(4) 計画の 4 種類の目的のうちで目標と同一とされるものは何か．

(5) 計画の目的が直上の計画の手段と一致しない場合がある理由は何か．

□ **1.2** 自分が住む市町村の 20 年後の未来を考えてみて，最も変化していることと，何も変わらないと思われることをそれぞれ複数挙げてみよ．

# 第2章

# 計画の手段

「土木と環境の計画」の目的達成の手段について，その歴史的変遷を中心に多面的に理解する．特に交通・移動分野を例に自動車の発展とそれを支えた道路整備や土地利用の歴史，その環境影響や環境配慮方法の時代的な変化などを理解し，同時に発展した計画検討技術の存在を知る．

## 2.1　計画の手段の選択

### 2.1.1　計画の手段選択の理論

ニコマコス倫理学のなかでアリストテレスが手段選択に関する考え方を明快に示している．それを**行為の論理的構造**として今道（1980）が次のように整理している．まず前提として，「願望は主に目的に関わり，選択は手段に関わる」とし，選択の範囲を「手段」に限定した上で，その選択の行為の推論を以下のように表現した．すなわち，

大前提：A が願わしい（目的定立）

小前提1：p, q, r, s, t は A を実現する

小前提2：しかるに A は p により最も容易に最も美しく達成される

結論：ゆえに p なる行為を選択

ここで小前提1は目的を実現可能な手段が複数あることを示し，小前提2は最終的に選ばれるべき手段が実現性のほかに，**容易さ**と**美しさ**との2つの観点に照らして探索され選択されるべきことを意味する．上記は三段論法ならぬ四段論法であると今道は指摘するが，それはさておき，この論理が計画の手段選択の場面にそのまま翻訳可能なのではないかと考える．

ここで「容易さ」と「美しさ」を，公共計画を対象に解釈してみよう．おそらく「容易さ」は，**技術的実現性**を意味しており，低廉性，材料などの入手のしやすさ，事業実施のしやすさなどが当てはまるだろう．一方「美しさ」は，単なる個人の好みとしての美ではなく，社会がその選択を納得して受け入れている様をさし，**社会的納得性**が該当するだろう．これは副次的な悪影響が少なく，効果的であり，機能やデザインが優れているといった事柄を含む概念と考えることができる．以上のように解釈すれば行為の論理的構造は現代にそのまま通じる論理であると理解できよう．

実は「美しさ」については幾つかの異なる解釈がある．ロスは「ベストプロデュースド」（最高に創造された），クリスプは「モストノブルウェイ」（最も高潔な方法で）と訳した．日本では高田が「もっともうるわしく」，渡辺・立花は「もっとも上手く」，そして冒頭の今道は「もっとも美しく」と訳している．本書で用いた「美しく」が外形的な美しさだけをさすものでないことは明らかである．

それでは，近代社会でインフラストラクチャを中心に展開された土木計画の対象領域で，実際にどのような手段が選択されてきたといえるであろうか．本章では，土木計画分野の防災，安全，環境，経済，社会に及ぶ幅広さを鑑みつつも，分野を限定することで，インフラスラクチャと環境とがどのような関係で歩んできたかを歴史的に概観することを優先した．そこで20世紀初頭から今に至るまで社会に大きな効果と影響を及ぼしてきた自動車交通に着目し，それが登場してからのインフラ整備の歴史，環境や土地利用との関係，交通政策全般への展開というように順を追って，社会における計画手段の選択という面から概観することで，「容易さ」と「美しさ」にいかに配慮してきたかについて，理解を深めることにした．

### 2.1.2　社会基盤整備の考え方の変遷

インフラストラクチャの代表ともいえる道路についてまず概観しておこう．既に2000年以上前のローマの道は歩道によって歩車分離されていて，下水道も完備された石畳の舗装が行き届き，現代と比べ遜色ない質を保っていたことが知られている．一方，都市が拡大し都市間の結び付きも強まった現代の道路網は，特に自動車の登場以降，自動車の性能向上に合わせるように高速化に対応してきた歴史を持つ．ここで象徴的な4枚の写真をもとにその変化を概観しておこう．

**図2.1**に示した写真は，米国における1930年代から1990年代における高速道路整備の姿を表したものである．左上の写真は1932年に完成した当時としては近代的なコンクリート橋であり，リンカーンハイウェイと命名された米国の東西を結ぶ画期的な高速道路の一部を構成した．このような土木技術の粋を集めて建設された橋梁が峡谷の横断を容易にして，人々の移動時間を大きく削減することに貢献した．右上の写真は1960年代の州際高速道路の時代に建設された道路の光景である．着目すべきは遠方からも一目で分かるV字カットされた山並みの風景である．サイドリングヒルと呼ばれ，山肌を背にカニのように横歩きで越える急峻な難所であったものが，高速道路の穏やかな勾配と曲率とを維持するために大きく削り取られた．

右下の写真は右上と同様なV字カットに見えるが，これは自然の風景である．ロッキー山脈のコロラド川沿いの風光明媚な峡谷に数十年の月日を費やし

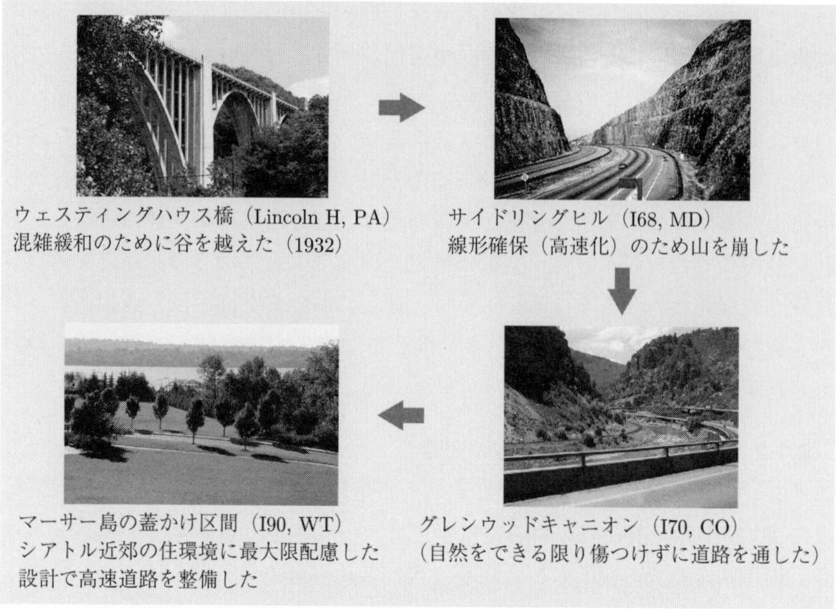


**図 2.1**　米国における高速道路整備の象徴的な歴史事例
（高速道路の造り方（米国の場合））

て 1990 年代に建設された州際高速道路 70 号線である．戦後の土木技術の発展によって高速道路の建設が現実味を帯びたが，地元から自然破壊などを理由に反対の運動がおきた．そのため地元での丁寧なコミュニケーションを長く続け，地肌の自然をできるだけ傷つけないように，トンネルと高架構造とを多用して建設されている．それまで道路の両方向を一体とする構造が標準であったものを分離できるように変更し，一層自然への影響緩和に努めたといわれる．

左下の写真はシアトル近郊のマーサー島の風景である．道路は地下に入っていて見えないが，その上空に蓋をして緑の空間を整備している．ここは州際高速道路 90 号線の最後の整備区間であり，この島を橋脚代わりに使って内湾を渡りシアトル市内に入る区間として 1990 年代に完成した．島民に配慮した地下構造にして上空を公園として開放している．内湾を渡る高速道路には浮体構造を取り入れている．

以上に見てきたように，自動車交通が発達した 60 年ほどの間に高速道路の造り方は自然環境や都市の生活環境などに配慮しつつ大きく変化してきた．2000 年代に入ってからは，既存の掘割の高速道路に官民協力で蓋をかけて上空を公園にしたり，一部区間を廃道して公園化したり，あるいは高架構造を地下化して再整備するような都市の環境改善を目指すプロジェクトが世界各地で進んでいる．

**【コラム 1】　土木技術者への絶対的な信頼**

**図 2.1** のグレンウッドキャニオンは，西部劇ファンならよく知る OK 牧場の決闘に登場したドク・ホリデーが，温泉療養の末に没した地としても知られる．のどかな峡谷であるが，この地に高速道路が計画されたとき，多くの住民が自然破壊を懸念して反対に立ち上がったという．名曲カントリーロードで有名な歌手のジョンデンバーは，TV コマーシャルまで作り，コインを川の対岸に投げてみせて，「こんな狭いところに道路はいらない」とアピールしたとされる．そのような反対渦巻く山中に赴任したコロラド州政府の土木技術者トラパニは，現場所長として住民に向き合い，誠実に対話を重ねることで信頼を獲得し，計画から数十年経過した高速道路の建設を実現した．コロラドとユタを結ぶこの州際高速道路 70 号線の計画は，当時の全米で最も困難な事業の 1 つと言われたが，トラパニは当地に 12 年間とどまって住民の意見を聞きながら計画変更も果敢に行い責任を全うしたという．筆者は 1990 年代の後半に本人と面談したが，地元から絶大な信頼を得たことで，その後のプロジェクトに反対を受けることはなく，アスペンに向かう州ハイウェイの拡幅プロジェクトなどは極めて円滑に実現できたという．トラパニ氏だから信頼できる，彼の言うことだから信用できると，誠実に説明すれば住民は誰も反対しなかったという．日本の行政官は長年同じポストには居ることはないので比較できないが，技術者が信頼を得るとはどういうことか如実に分かるエピソードであった．

## 2.2　自動車交通と計画の手段

以上に高速道路の歴史上，象徴的といえる整備箇所を幾つか紹介したが，道路はネットワークとして機能するものであり，その計画の立て方は歴史的にも変化してきた．ここでは，日本で土木学会が設立された頃から一世紀に亘る自動車交通の歴史を，モータリゼーションの最も早かった米国を対象に解説する．そのことで，人やモノの移動を円滑化，高速化してきた「手段」整備の歴史と，そのような整備を支えた交通需要分析という「計画技術」の発展史との両者を概観することを企図している．

### 2.2.1　観光地の渋滞と交通量予測

さて，20 世紀の自動車は，1908 年に始まる T 型フォードの大量生産によって爆発的に普及し始めたが，当時の交通渋滞は平日の朝ではなく，週末の午後に多く発生したといわれる．今も昔も変わらず，自家用車を購入した家庭が一家そろって週末に観光地に出かけたためである．ところが道路ネットワークが不十分なので，皆が一斉に帰路に着く頃になると，都市部に向かう道路に交通が集中して大渋滞を発生させた．そこで政府は将来の交通需要を踏まえた道路整備の検討を迫られた．

1920 年代の初期の交通需要予測モデルは，**図 2.2** に示すように自動車の登録台数と当地の幹線道路の断面交通量との経年の増加傾向が共に直線的で一致していたことから，この線形関係を用いて将来の登録台数をもとに将来交通量を算出するという極めて単純なものであった．そのような考え方で広域の予測を行ったものが，**図 2.3** である．これは，ニューヨーク都市圏で休日の断面交通量を各地で観測し，そのデータと車両登録台数などをもとに 40 年後の戦後モータリゼーション最中の交通量を予測したものである．実際には予測以上の自動車交通が，住宅地の郊外化や人口増加等も手伝って休日のみならず平日に発生する

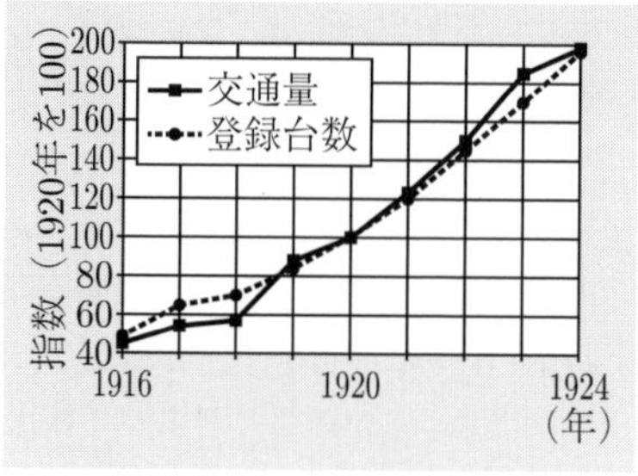


**図 2.2**　最初に将来交通量の予測に用いられたモデル（メイン高速道路交通スタディ）

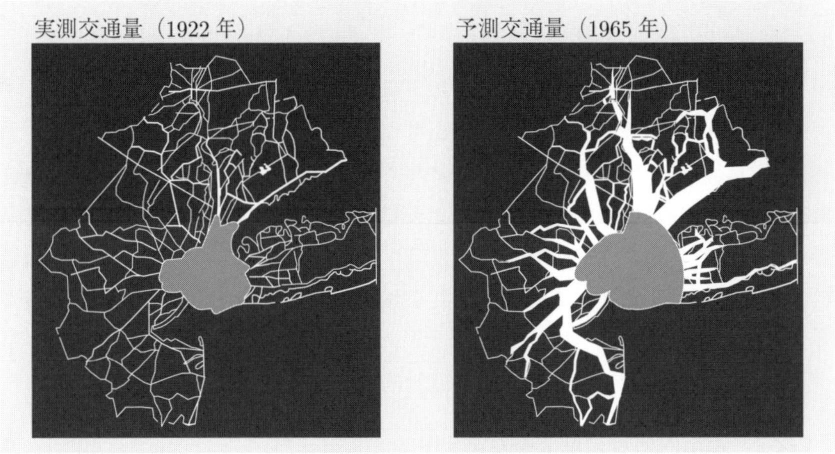


**図 2.3**　ニューヨーク都市圏の初期の自動車交通需要予測プロジェクト

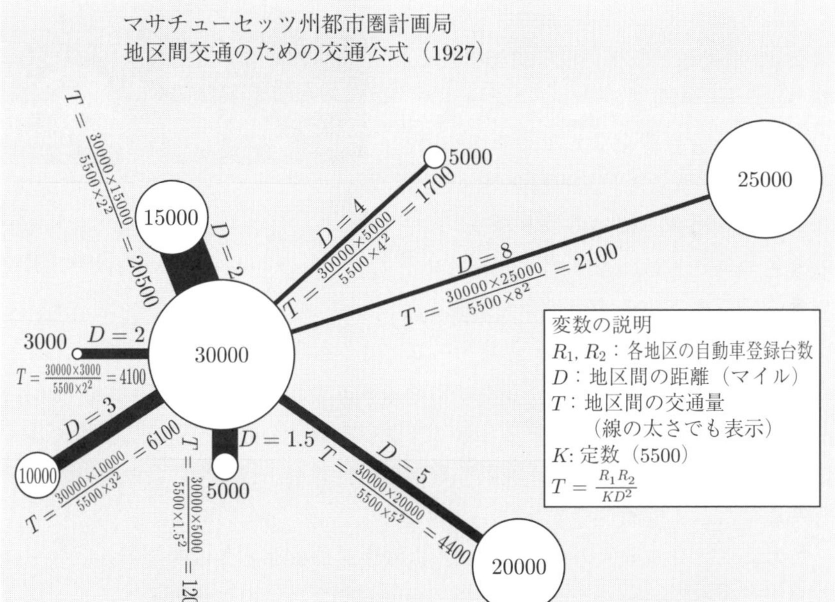


**図 2.4**　グラビティモデルの初期の適用例とされるボストンのモデル

ことになったが，休日交通が予測の基本であり，交通計画の端緒となったことが興味深い．

また，この時期に**グラビティモデル**が道路交通の分野で適用されはじめ，ボストンにおける交通量予測などに用いられている．質量と距離によって2つの物体間の引力が定まる万有引力の法則のアナロジーであり，19世紀後半には既に人口流動の分析に用いられていたようであるが，**図2.4**に示すように，交通計画の分野でも既に1920年代には利用されるようになった．自動車登録台数の多い地区が近い距離にあれば，相互を移動する交通が多くなるとの仮説のもと交通量の予測が行われている．グラビティモデルはその後，人口や発生集中交通量などを説明変数にして広く交通計画に使われるようになった．

### 2.2.2 都市内の自動車交通の安全性

1920年代頃には既に自動車交通の増加が，都市内で交通事故を多発させ，道路交通安全の問題を顕在化させていた．それが道路交通工学の発展のきっかけになり，交通信号制御の技術開発などに繋がったといわれる．一方，住宅地域で自動車から歩行者を守るための街路デザインの工夫なども同時期に始まった．ニュージャージーにある**ラドバーン**という名の住宅地は，なかでも際立って歩車分離を徹底するデザインで象徴的な事例となった．各住宅は自動車用の玄関と歩行者用の勝手口とを持ち，それぞれが自動車と歩行者の独立した2つのネットワークに繋がっていた．子供たちが地区内の小学校に通学するときは一切自動車と平面交差することなく歩くことができ，鉄道駅に向かう通勤や買物の歩行者も，自動車に脅かされない歩行者道をたどって到達できた．

**図2.5** ラドバーンの自動車道と立体交差する歩行者ネットワーク（2005年には街区が国定歴史建造物に指定された）

このような住宅地区のつくり方は，**近隣住区**の概念と共に幹線道路に囲まれた安全な住宅地の設計思想として米国内で展開され，その後日本を含む他国に広がっていった．ただ，ラドバーン自体の開発は大恐慌で中断し，戦後の再開時には，自動車利用を前提とする街路網にデザイン変更されて整備が継続された．日本でも高度成長期のニュータウン計画で，同様な歩車分離型の街路デザインや緑道ネットワークが採用されて豊かな歩行環境が整えられた．歩行者専用のネットワークに面した店舗なども一部で作られたが，その後の自動車利用の普及拡大に伴って，ロードサイド型の商店に変化した事例もみられる．

### 2.2.3　都市の拡大と高速道路網

自動車利用の普及に伴い都市の活動圏域が広がり，米国の魅力的な大都市はより多くの人口を集中させながら郊外に発展していった．それまで一部の大都市で郊外電車等のネットワークが発達して通勤者を都心に運んでいたが，戦後のモータリゼーションは，鉄道事業を急速に衰退させる圧力として働き，自動車利用を前提とした**スプロール化**が急激に進んだ．

特に，1950 年代半ばの道路信託基金の成立以降には，1930 年代に構想された州際高速道路網の本格的な整備が開始され，郊外と都心を結ぶ通勤のための幹線道路という機能を持ち合わせつつ，広域の都市間を結ぶ人やモノの大動脈として高速道路網が全米に展開されていった．

この大動脈自体は多くの都市の都心を貫通するルートを通ったため，通過交通を迂回させるバイパスや環状道路が各地で必要になった．ボストンでは世界初といわれる高規格の環状道路が 1920 年代に早くも開通していたが，都心から 15 km 程度に位置したその道路は 1950 年代に入ってさらに高規格化され，その周辺には 1970 年代前後に数多くの先端電子産業が立地し，シリコンバレーが勃興するまでの間大いに隆盛を極めた．

また，都心から放射状の道路網や環状道路網の整備によって，郊外部の大規模な開発が促進されたことで都市のスプロール化が進展し，都心部衰退を防ぐ都市政策や土地利用と交通との整合性確保の必要性などが高まっていった．

### 2.2.4　交通機関分担の考慮と交通需要予測技術の発展

交通需要予測の技術については，自動車保有と道路交通量の急増に伴い，徐々に発展をみせ，発生・集中交通量，分布交通量，配分交通量という 3 段階に分けて交通量を予測する方法が 1960 年代頃までに確立された．これはゾーン単位の交通量を対象に，原単位を用いて発生量や集中量の将来値を推計したのち，ゾーン間の交通量を現在パターン法やグラビティモデルで推計し，それを最短経路に配分するという方法であった．

一方，都市の環境は，1960 年代中頃までに各地の高速道路整備によって悪化していった．都心部の居住地域の分断，郊外部の自然環境の破壊，低所得者層の移動手段の欠如，公共交通整備の必要性の増加など，様々な社会課題が顕在化していた．各地で高速道路計画への反対運動も発生し，凍結や中止の事態に陥り，連邦政府と州政府で進める州際高速道路網の計画と，地方自治体の受け持つ都市計画との整合性を如何に確保するべきかという論点が浮き彫りになっていた．**3C プロセス**という協力的，総合的，継続的な取り組みの必要性も叫ばれ，高速道路と都市計画との整合性，公共交通の利用可能性を検討対象とした交通計画の必要性が認識されるようになっていった．

そのため，交通需要予測においても，公共交通への転換や，公共交通の利用促進策の検討が行われるようになり，従来の 3 段階に交通機関分担が加わった 4 段階の交通需要予測方法（**四段階推定法**）が 1960 年代後半頃より定着するようになった．

### 2.2.5 都市交通計画の転機と住民参加の計画づくりへの転換

1960 年代末から 1970 年代前半にかけた時期で，特に象徴的な出来事は，ボストンでの BTPR と呼ばれた交通計画再検討の取り組みである．ボストン都市圏では，マイアミからカナダ国境まで東海岸沿いに建設が進められた州際高速道路 95 号線が都心部を通過する計画であったが，ボストン郊外部の自然環境破壊や中心部の地域分断等の懸念から反対運動が発生していた．州政府は 1970 年から正式な会議体を設けて住民などと議論を重ねた結果，高速道路計画の見直しを決定し，都心部の高速道路予定地として確保した

図 2.6 サウスウエストコリドー沿いにボストン南西部を臨む（写真中央あたりに高速道路のジャンクションが計画されていた）

**サウスウエストコリドー**（**図 2.6**）と呼ばれた場所に都市鉄道を整備することにした．また，先に紹介した都心から 15 km ほどにある既存の環状高速道路の近傍には大規模駐車場を用意し，そこまで都心から都市鉄道を整備することによって，**パークアンドライド**による通勤を促進する政策への方向転換を行った．

この計画再検討のユニークさは，国土を貫く高速道路網を都心部に建設できなくなったものの，既設の環状高速道路が存在したことで都心を迂回するルートが構成でき，道路と鉄道とが都市部で新しい調和を作り出したことである．また，それと同時に交通計画の策定に至る先進的で新しいプロセスを生み出したことにもあった．州政府は技術を持たない住民たちにコンサルタントを雇い入れる支援を行い，住民たちの意見を集約した計画案を代案として議論のテーブルに乗せた．また，連邦政府が高速道路整備のために確保していた資金が都市鉄道整備に充当され，道路信託基金による公共交通整備の制度を新たに生み出したことにも成果があったといわれる．

### 2.2.6　道路交通のさらなる増加と短期的政策の重視

高速道路等のインフラストラクチャの整備は利便性の向上をもたらすと同時に道路周辺に負の影響を及ぼすことから，大都市を中心に建設までに長い期間を要するようになった．一方，自動車交通量の増加は止まることなく，都市の交通渋滞は益々深刻となったことから，新規の建設に頼らず既存の社会基盤施設をより有効に活用することが必要になっていった．

ところが，従来の四段階推定法は大規模な調査をもとに予測モデルシステムを構築するため，将来施設の必要量を導き出すまでに数年を要することから，大掛かりで融通の利かない予測体系となっていた．短期間に導入可能な施策が求められ，それが**交通需要管理**や**交通システム管理**という名のもとで検討され始めたが，それらの効果分析についても短期間に結果を出せるモデルや方法論の開発が望まれた．本書の**第 6 章**で学ぶ**非集計行動モデル**はそのような背景で登場し，その後大いに発展して現在まで計画手段の効果分析手法として活用されている．

なお，当時から検討され始めた短期的な施策には以下のようなものがある．パークアンドライド，**HOV レーン**，**HOT レーン**，**ランプメータリング**，**ロードプライシング**，**エリアプライシング**，**カープーリング**，**カーシェアリング**とその**マッチングサービス**，**時差通勤**，**公共交通対応型都市開発**（**TOD**），**駐車場供給抑制**，**トラフィックセル**，**ゾーンシステム**，公共交通の施設・運賃等のシームレス化，公共交通マーケティング，**交通需要マネジメント**の推進，**交通需要管理組合**の組織化，道路空間の再配分（**ライトレールトランジット**：LRT，自転車，歩行者へ），などである．

**図 2.7**　ロサンゼルスのセンチュリーフリーウェイ（中央2車線が道路から鉄道に計画変更された）

**図 2.8**　サンディエゴの LRT 駅周辺の住宅開発（鉄道中心のまちづくりへの方向転換）

### 2.2.7　訴訟問題と環境の重視

1990年代頃には都市交通問題は新たな局面に入った．各都市圏に設置され計画策定権限を有する**都市圏計画機構**（MPO）は，交通計画策定と，そのための交通需要予測等を担当していたが，1980年代後半にサンフランシスコ湾岸地域で，その予測精度等に関わる訴訟問題が発生した．また，1990年代後半のアトランタ都市圏では，環状道路整備がスプロール開発を一層助長するとして訴訟のアピールがなされ，計画を見直す事態になった．さらに2000年代に入ると，都心部の環境再生に成功して，歩きやすいまちを取り戻しつつあるサンディエゴで，将来計画に示された鉄道整備延長では温室効果ガス削減の目標達成ができないとし，州の法律に違反するとの訴訟が起こされた．

このような事例は上記以外にも少なくないと考えられ，需要予測の技術レベル，環状道路に伴う土地開発の是非，公共交通の整備延長不足などが訴訟の対象になり，インフラストラクチャ整備が地域計画の目的に照らして妥当であるか否かが，広く社会から問われるようになったことが明らかである．このような過程で，交通需要予測の技術は理論面の高度化に加えて，分析解像度の詳細化や表現方法の工夫などを進めてきた．特に車群や車一台ごとの走行を再現する**交通マイクロシミュレーション**の開発普及が 1990 年代前半以降大いに進んできた．

MPO が策定する地域交通計画の内容についても，鉄道や自転車等の環境負荷の少ない交通手段を積極的に位置づけて，そのもとで施設整備を推進することや，交通と土地利用との整合性に十分に配慮することなどが重視されてきた．カリフォルニア州のように州法を定めて，交通計画の策定時に温室効果ガス削減の取り組みや土地利用との整合性確保を十分に検討し実施することを義務付ける州なども現れている．

環境負荷のない自転車交通などに対する配慮も大きく変化し，**サイクルアンドライド**，**自転車走行ネットワーク**，**シェアサイクル**等の自転車交通を道路空間上に定着させる取り組みが米国各地で進展し，地域交通計画等にも位置付けられてきた．あるいは，アトランタのような自動車中心の大都市でも，貨物鉄道の廃線敷を活用して，歩行者や自転車用の環状道路ネットワークを市中心部に整備し，その近傍に新たな集合住宅が多く立地するような都心再生型の取り組みが，**ベルトライン**という名称で始まっているが，そのような取り組みは各地に見られる．

以上に概観したように，自動車を中心とする 20 世紀の米国における道路交通は，地域における環境との関わりのなかで変化しつつ発達してきたことが分かる．また，そのなかで計画技術が必要に応じて開発されてきたことも理解できる．21 世紀のこれからの都市や地域を考える際に，これらの歴史を理解しておくことには一定の意味があると考えられよう．

**図 2.9**　アトランタのベルトライン（鉄道廃線敷を歩行者・自転車道に整備．沿道に住宅立地が進展）

## 2.3 制約条件から手段，目的へ発展した都市の環境問題

時代と共に環境への配慮を強めた米国の百年に亘る自動車と道路整備の関係史を概観してきた．特に1960年代頃からの半世紀では，高度成長と共に都市環境問題が深刻化していったが，その時期は我が国で，本書の分野である土木計画学が組織化された時期に一致することに留意されたい．さて，この節では環境問題がその後どのように変化を遂げてきたのかを概観することにしたい．結論を先に述べれば，それは環境が計画上の制約条件から，計画の手段に変わり，さらに計画の目的へと変化していった歴史と捉えることができる．

### 2.3.1 都市環境問題の3つの特徴

都市の環境問題は次の3つの特徴的な問題を持つということができる．

①**外部費用型の環境問題**：企業等が環境対策に十分費用をかけずに汚水・大気汚染・騒音・振動等の公害が引き起こされる古典的な問題である．

②**ニンビー型の環境問題**：ごみ処分場や発電所など，公共性を有する施設立地などで発生しやすい問題で，総論は賛成だが自分の家の近くへの立地というような各論には反対する環境問題である．ニンビー（NIMBY）はNot In My Back Yardの頭文字を取ったものである．

③**公共ディレンマ型の環境問題**：共通の資源を皆が消費して結局社会として一層コストが必要となる問題である．共有地の悲劇型あるいは囚人のジレンマ型の問題であり，社会的ディレンマとも呼ばれる．湖沼の排水，温室効果ガスの排出，違法駐輪やごみの違法投棄など地球規模から都市・地域の問題として数多い．

現代はこれらの様相を併せ持つ複雑な問題が少なくないが，まずは単純化して各々について以下に経緯などを含めて解説しておく．

### 2.3.2 外部費用型の環境問題

外部費用型の環境問題は，工場などからの大気・土壌汚染や騒音・振動等，土地開発による自然や生態系の破壊，排水による河川・湖沼汚染，自動車による大気汚染，自動車・鉄道・航空機等の騒音・振動等，建物や建造物による日照・電波障害など，典型的な公害型の環境問題である．

日本の公害は高度成長期前後から深刻な社会問題になったが，多くは工場からの有害物質の排出が原因であり，**4大公害訴訟**（**水俣病**，**新潟水俣病**，**富山イタイイタイ病**，**四日市ぜんそく**）に代表される．1970年代前半にはいずれの訴訟も結審しているが，大気汚染はその後も長らく社会の深刻な問題になり，自動車からの排出ガスを原因として，国や道路管理者を訴える大気汚染訴訟が各所で起こされた．これらも1990年代にはほぼ結審あるいは和解している．

以上の訴訟では工場や道路の供用差止，排出差止の請求がなされ，それを一部で認めた下級審の判決もあるが，上級審では例外なく否定されていた．また，同時に起こされる損害賠償請求訴訟については，一部の原告のみが救済を受けることをよしとせず，当該地域の沿道環境対策を実施したり，道路ネットワークを改善して交通流を転換させて渋滞を解消するなどの広域対策を約束すること等を条件にして賠償を放棄し，和解が成立するケースが増えていった．

これらの裁判のなかで最も遅れて提訴されたものの1つが1996年の**東京大気汚染訴訟**である．これは増加の一途をたどる自動車交通を原因とする大気汚染への訴訟で，被害が沿道に留まらず広範囲に及ぶとすることが争点であった．2002年の一審では面的汚染が否定されたものの，二審の東京高裁は2006年に解決勧告を出し，これに対して被告である東京都は排ガス対策推進を行うとして控訴せず，それに国，首都高速道路，ディーゼル車の製造会社などの被告も追随したことで2007年に和解が成立した．和解の内容は医療費助成制度の創設，幾つかの道路対策を含む環境対策の実施，和解解決金の支払，連絡会の設置などであった．

このように21世紀に入ってからも，公害型の環境問題が我が国に残っていたことに驚きがあるかもしれないが，開発途上国では未だに，この類型に属する環境問題が深刻なことは想像できるだろう．

実は和解前の2003年に東京都が新たな条例を制定し，**浮遊粒子状物質**（**SPM**）に対して一定の排出基準を満たさないディーゼル車両の走行を禁止する措置を定めた．基準を満たさない車両には買い替えか，微粒子フィルターを装着する義務を課したことで，その後の大気環境は瞬く間に改善されていった．大気汚染を観測する自動車排出ガス測定局のデータで見ると，条例制定前は未達成局が多く存在したが，それらが条例制定後になくなり，SPMを比較した**図2.10**でもその違いが明らかにみてとれる．

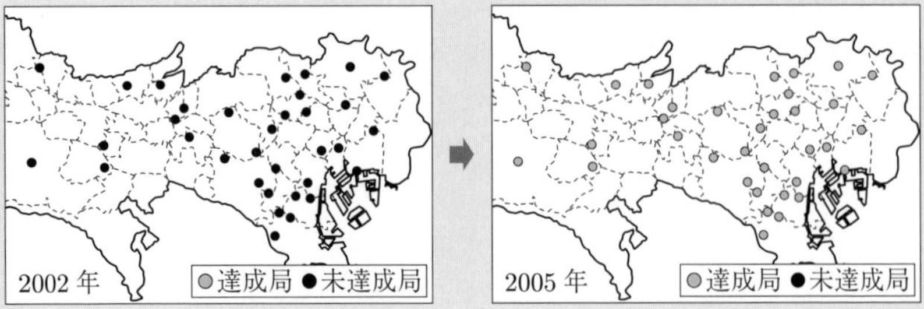


東京都のデータをもとに作図

**図 2.10** 東京都の SPM 環境基準達成局の状況

東京の大気汚染問題は40年をかけてようやく解決したかに見えた．ところが，その後**PM2.5**の有害性が指摘され，新たな大気汚染物質として計測対象になり，再び都内でも未達成局が存在する状況になった．ただし，PM2.5は黄砂など中国大陸から運ばれてくる微小粒子を多く含むことから，局地的な自動車由来の大気汚染とはいえないことに注意が必要である．また，米国などでは二酸化炭素を大気汚染物質に認定していることもあり，大気汚染物質の種類は概して広がってきている．

### 2.3.3 ニンビー型の環境問題

ニンビー型の環境問題の典型例として，ごみ処理施設の立地問題を挙げることができる．東京都内の自治体でも，立地場所を決められず自区内処理の原則を継続できなくなり，処理を依存する他市との間にトラブルを引き起こした事例がある．環境に関わる原因者が一定の負担をする場合に，特定の場所の負担が大きいことによって生じる環境問題である．

このような環境問題は，産業廃棄物処理施設のように必要性が高いものの，周辺住民が直接利用の利便を得られない迷惑施設だけに生じるものではない．たとえば，道路整備のように公共性が高く，かつ周辺住民も利用できる利便施設であっても，同時に発生する騒音，振動，あるいはコミュニティ分断などの問題があるために発生することが少なくない．米国と同様に我が国でも都市内および自然地の両方で顕在化してきた問題である．

都市内の事例は数多くあるが，そのなかでも特に近年の象徴的な事例として，計画事前評価の適切性や合理性が争点となった，静岡県伊東市における不許可処分（都市計画区域内での建築確認申請に対する行政の不許可処分）の取消訴訟が挙げられる．当地では県道の拡幅計画が以前からあり，200 m に満たない区間で計画変更を行ったところ，沿道住民から拡幅に反対する訴訟が起こされたものである．通常であれば公共性の高さに照らして住民の要求は退けられるはずであったが，二審の東京高裁は，簡易な需要予測に基づく都市計画決定を合理性がなく無効と判断した．そして，無効な都市計画に基づく不許可処分も無効であるとした．

地方自治体の都市計画決定を無効とする高裁レベルで初の判決であったが，その後，最高裁が二審判決を支持して確定した．このことは小規模の都市計画といえども，沿道住民の反対をニンビー問題とみなして公共性を盾に安易に決定することはできず，計画主体が必要十分な技術検討を行うべきことを問いかける契機となっている．

また，ニンビー問題というほど狭い論点ではないが，自然地における象徴的な事件として，自然環境への配慮と適切な手続きの必要性が問われた首都圏中央連絡自動車道の高尾山周辺における事業認定取消と収用裁決取消訴訟が挙げられる．一審の東京地裁では事業認定と収用裁決の取消とが判決で示される異例の展開から始まった．裁判官が高速道路整備による混雑緩和という公共性の根拠が乏しいと独自に判断したためであるが，二審の東京高裁では地裁判決を取消し，公共の利益が騒音・大気汚染被害で失われる不利益よりも大きいとし，2007 年の最高裁がこれを確定した．この問題では計画段階から地域との十分な話し合いや情報提供が行われたとはいえず，そのこともあって計画確定後に，社会が注目する訴訟という手段を住民側が選んだ点に特色がある．このような広域道路の公共性と自然環境の保全や沿道環境などの問題が交錯する地域課題では，早い段階からコミュニケーションを伴う手続きを進めることの重要性を示している．

最近では，羽田空港の市街地上空飛行ルートが首都圏空港の機能強化の手段として選定されている．この取り組みの目的は空港の容量拡大によって国際的な交流機会を増やす経済面の効果にあり，環境影響にどのように配慮するかが同時に考慮されるべき論点といえる．運用時間が限られることで環境影響評価を必要としない騒音の水準に留まるものの，新たな影響地域に住む住民等への丁寧な説明が，行政によって運用開始までの期間に実に 300 回近く開催され，

HP 等を通した情報提供は従来の航空交通分野の計画では見られない詳細さで行われた.

世界最大の都市東京が将来に向けて競争力を維持し，外国との交流を一層促進するためには国際空港に頼らざるをえず，東京都民の利用する機会も多く便益も大きい．ただし，飛行ルート直下ではニンビー問題が発生する．首都圏で見ると羽田空港や成田空港の騒音影響が従来千葉県ばかりにあって，東京はいわば利用の便益だけ受けて騒音を広く分担することはなかった．今回の新ルート開設によって，東京も一定の役割を分担することになり，その点でいえば東京がニンビー問題を乗越えたと表現することができるだろう.

### 2.3.4　手段選択に伴う環境問題

最後の問題に触れる前に，手段に関わる環境問題の変化をまとめたい．都市環境の改善という視点では，従来から長らくマイナスの環境の減少を図ることが主題であったが，それは計画や事業に伴う環境負荷の増大をどのように抑えるかという消極的な視点でもあった．騒音，振動，大気汚染，土壌汚染などに対して，技術開発によって克服してきた面も大きいが，環境は常に計画や事業を進める際の「制約条件」として，強弱はあるものの一定の機能を果たしてきたといえよう．この点が未だ開発途上国では顕在化した問題であることは既に述べた通りである.

一方，プラスの環境をさらに向上させたいとの取り組みも近年大きく進展している．これは緑陰道路の形成，水と緑のネットワーク整備，無電線化の推進，散策路や歩行者中心の道の整備など，我が国でも進められているが，世界各国で大いに進展している．都市の物理的な環境改善が計画の手段として大いに広がってきたといえる．すなわち，環境改善が都市の魅力を高める公共計画の重要な「手段」となってきたのである．韓国ソウルの清渓川の水辺環境整備，米国ボストンの中央幹線道路の地下化に伴う上空空間整備，鉄道廃線敷きを利用したニューヨークのハイラインや，先のアトランタのベルトラインなど諸外国にも多数の取り組みがある.

### 2.3.5　公共ディレンマ型の環境問題

そして，近年さらに重要なことは，グローバルな環境問題に人類が直面し，地球温暖化対策としての**緩和**や気候変動への**適応**などが，国や地域の計画の

「目的」になってきたことである．特に公共計画という面から考えると，多くの人々の協力や協働がなければ目的を達成できない環境問題が多くなっていることが背景にある．そのように環境が「目的」になった時代に特に課題となるのが，公共ディレンマ型の環境問題であることは明らかである．

すなわち，自分１人が努力しても効果は期待できないし，自分１人が多少多めに排出しても温暖化は進まないだろうといった考えを持つ人が多数存在すれば，温室効果ガスの削減は叶わない．このため国際社会では**国連気候変動枠組条約締約国会議**（**COP**）の開催を続け，京都議定書に続いてパリ協定の締結にこぎつけ，全世界で合意できる削減の枠組みや制度設計に取り組んでいる．国連の**持続可能な開発目標**（**SDGs**）では，環境問題を貧困，経済，公正などと同列で主要課題に位置付けている．交通セクターからの $CO_2$ 排出量の削減を進める具体的な政策には，排出源対策（技術革新），モーダルシフト，**排出権取引**等があり，各業界・団体などでも削減計画を定め取り組んでいる．

しかし，世界規模では主要排出国の足並みが揃っているとはいいがたい．ただ，そのような状況でも，各国の地域単位で見れば継続的な取り組みを強化する活動も見られ，地域の公共計画づくりにおいて気候変動や温暖化への対策を主要な論点にし続けることが，個々のディレンマ解消に必要と考えられる．**第３章**で学ぶように我が国でも地球温暖化対策計画を定め，各地方自治体が温暖化対策実行計画を策定して取り組んでいる．その仕組みや内容については今後一層の強化が必要になるだろう．

また，実際に極端な気象現象が増して自然災害が多発するようになっている．そのため，地域防災力を強化することの重要性が高まっている．協働の取り組みが必要となるが，少なくとも災害の危険性の高い地域では，気候変動への対策と共に温室効果ガスの排出削減に一層取り組み，その実績を模範として示すことで他地域や他国への協力の強化に結び付けることが考えられる．公共ディレンマ型の環境問題を乗越え，地域づくりにおける協働の取り組みを広げることで，気候変動への対策と温室効果ガス排出の削減策を進めることが重要である．なお，災害の発生と共に，ちょっとした情報で我先に買い占めに向かう行動などが見られ，これはパニックに伴う現象とはいえ，必要なところに不足が生じることから狭義のディレンマ問題ともいえる．このような様々な公共ディレンマ問題については，改めて**第７章**でその解決の方法を学ぶ．

## 2.4　都市の土地利用と交通

以上で交通および環境を中心に，それらに関わる計画の手段を解説してきた．都市における社会・経済活動は，人・モノの移動に対応する土地利用の仕方に大きく左右される．土地利用の計画は交通の計画と対をなすが，その実現には規制・誘導等の都市計画手法が使われてきたものの，人口増加の時期に世界の多くの都市圏で十分なコントロールを果たせず，スプロールなどを生み出してきた．ここでは土地利用に関わる手段として，歴史的にどのような政策がとられ，計画として実現してきたかを概観することにする．

### 2.4.1　郊外住宅地の開発の経緯

たとえば，ロンドンのような大都市では 19 世紀中頃からの本格的な産業革命の進展により，都市中心部の居住環境が劣悪になり，郊外に新たな“職住接近”の小都市を開発するアイデアなどを生み出すことになった．ハワードの**田園都市構想**等は，ニュータウンとして一部で実現したが，雇用機会は相変わらず大都市中心に多く，郊外の住宅地に住み都心へ通勤するというスタイルが鉄道の発達と共に浸透し，田園郊外と呼ばれる自然環境豊かな住宅地を郊外に登場させた．英国ばかりではなく米国シカゴ郊外の**リバーサイド**，ニューヨーク郊外の**フォーレストヒルズガーデン**や**ラドバーン**など 19 世紀から 20 世紀にかけて歴史的にも優れたアイデアの住宅地が各地で構想され整備されている．

これらは鉄道による通勤を前提とした開発であったが，米国ではその後自動車による通勤形態が急速に拡大し，自動車利用に便利な住宅地が開発されるようになり，ラドバーンでも設計思想が戦後のモータリゼーションの時代に変化したことは既に述べた通りである．

### 2.4.2　日本における郊外住宅地の開発

東京でもハワードの田園都市構想をみならい，郊外の住宅地と鉄道との一体的な整備の取り組みが試みられた．渋沢栄一が進めた現在の目黒線沿線の洗足や大岡山，田園調布などの住宅地開発がそれに該当する．そのなかで大岡山では 1923 年の関東大震災の翌年に，東京工業大学の前身である**東京高等工業学校**が蔵前の被災地から移転したために，住宅地とはならずに現在のように駅前に大学敷地が広がる土地利用になっている．一方，これより早い時期に大阪では阪急電鉄の前身である**箕面有馬電気軌道**が住宅地開発との一体的な整備を成功させており，それらを見習った事業ということもできる．

このような整備手法は，鉄道整備の膨大な資金を宅地の売却益で回収する方法としてその後も定着していったが，実際に大規模に行われた事例として，東京の**東急田園都市線**や，新たに宅地開発と鉄道整備の一体開発のための法律を作って整備を進めた**つくばエクスプレス**沿線地域などが挙げられる．

東京などの大都市圏では，郊外鉄道が私鉄として多方面に延伸したことから，その沿線に住宅地が広がっていったが，特に高度成長期には国や地方自治体が計画的に進めるニュータウン整備でも供給が間に合わず，数多くの無秩序で不十分なインフラの小規模宅地開発が進んだ．このような郊外の人口急増に対してまで基幹となる道路整備を速やかに行うことは困難であり，都市の交通問題が悪化の一途をたどっていった．ただ，東京では明治以来の鉄道整備が着実に進んでいたことが功を奏して，道路整備の遅れを一定程度カバーし，雇用拡大に対応して経済活動を拡大し続けることができたといえよう．

鉄道計画については**第6章**で紹介するように，東京圏の鉄道計画は，審議会から答申されることで整備促進されて今日に至っている．道路網計画についてはその後，高規格幹線道路網や都市計画道路の計画に基づいて整備が継続的に行われ，ようやく主要な幹線道路網のネットワークが形を整える段階を迎えようとしている．

### 2.4.3　都市の成長と環境・情報・エネルギー・防災

土地利用と環境の関わりについては，1990年代前後から環境への一層の配慮が必要になり，都市の**成長管理**（グロースマネジメント）が叫ばれるようになった．しかし，管理という言葉では開発を望む周辺自治体の理解を得にくいこともあり，賢い成長（**スマートグロース**）と呼ばれたりした．都市のフリンジ部での無秩序な開発を制御することに論点があったと思われるが，広域自治体を有するポートランドなどでもその実現は容易ではなかったと考えられる．英国でも広域計画による開発調整の仕組みが2005年前後に作られたが，政権交代と共に廃止されて個別の基礎自治体が独自に開発を計画できる状態に戻った事例などもあり，都市の成長志向と環境との調和は常に難しい課題である．

開発圧力の高い英国ではそのような背景もあり，持続可能性に関しても都市の持続可能な開発（**サステイナブルデベロップメント**）と呼んで，持続性と開発とを両立できるという考えを持っていた．一方，人口減少の始まった日本では**コンパクトシティ**や**コンパクト・プラス・ネットワーク**といった表現を用いて，地方都市の都心部への機能の集約化等を志向しつつ，市町村合併で生まれた複数の拠点を維持したままコンパクト化を図るために交通ネットワークの維持をも同時に志向するようになっている．

また，近年の日本や諸外国では**エコシティ**や**スマートシティ**などといった表現で，これからの都市の開発や更新の方向性を示そうとしている．内容については各地で差があるため一律にはいえないが，これらは共通して最新の情報通信技術，自動運転技術，再生可能エネルギー，地球環境問題への対応，防災や安全への配慮など，今後の持続可能な都市形成のための様々な要件を検証するイノベーティブで実験的な取り組みを，特定のエリアで展開しようという点に共通性があると思われる．

### 2.4.4　グリーンベルトと環状道路

ロンドンでは1920年代には都市の成長を管理するために**グリーンベルト**が構想されてその後実現している．もともとハワードの田園都市構想に端を発するアイデアと考えられるが，そのアイデアは東京でも実現が検討されていた．1939年の**東京緑地計画**を見れば同様な構想が作られたことが分かる．実際に緑地が保存されたようだが，戦時中に自給自足の農地として活用された後に，戦後の農地解放の対象とされたという[6]．農地を新たに取得した新規農家がその後土地を売却して，それが宅地に転用されていったこともあり，戦後の東京にグリーンベルトが再度計画されることはなかった．ただ，そのほぼ同位置には現在，**東京外郭環状道路**が建設されている．グリーンベルトとしては成長を適切に管理できなかったものの，同地に都心への自動車交通を迂回させる環状高速道路が整備されることで，東京でも結果としてではあるが，ようやく土地利用と交通の連携が強化されることになる．この道路の実現には実に長い年月を要している．当時の計画プロセスの不備が原因となって，その後30年以上に亘り事業化のめどが立たないままに計画が放置されたことによる．2000年代に入ってから反対する住民たちと行政とが向き合って，根気強く話し合いを継続することで，解決の糸口を見つけようやく現在に至っている．

### 2.4.5　公共交通対応型の都市開発

東京ではモータリゼーション前に都市鉄道整備が進められていたことから，住宅地の多くが鉄道駅を中心に開発され，膨大な数の通勤者が鉄道を利用し，鉄道駅近傍には商業施設が集中する土地利用が自然にでき上がってきた．一方，米国などでは自動車交通を発達させ，都市鉄道の整備が例外的な大都市を除けば限定されたために，自動車中心の土地利用になっていった．そのため，1980 年前後から始まる新たな鉄道整備でも，パークアンドライドを前提とするため，周辺が広大な駐車場で占められている駅が少なくない．最近になって駅前の広大な駐車場を減らし，そのスペースを住宅，商業，業務などの高密な多目的利用に変えることで，駅近傍の利便性向上を図ろうとしている例が増えている．公共交通対応型の都市開発（**トランジットオリエンテッドデベロップメント**：TOD）といわれる．

それに比べると，日本では上記の経緯から駅までバスや自転車等の手段で来るため，駐車スペースは比較的少なく済み，TOD が当初から進んでいたということもできる．そのような駅近傍の高密な開発を近年になって進めようとするのが米国などの TOD ということもできるが，駅直上や側近に集合住宅，図書館，役所，病院など，従来の商業業務施設とは異なる機能を整備する開発などは，日本でも比較的新しい取り組みといえよう．

## 2.5 手段としての交通政策の展開

以上に見てきたように，計画の手段としてのインフラストラクチャ整備が環境に影響を与え，それを軽減するための取り組みが進展し，環境そのものを手段や目的にする計画も作られるようになってきた．移動と滞在という2つの視点で都市活動を見れば，交通と土地利用という両者に配慮した計画手段の構築が，計画目的の達成のために重要であることも理解できた．

一方，インフラストラクチャ整備のようなハードな手段ではなく，ソフトな手段によって計画目的を達成しようという取り組みも数多く存在する．それらは**第1章**で述べた「政策」と称されるものが多く，そのなかで特に交通の分野を対象にここで概観しておきたい．

### 2.5.1 規制と規制緩和等に関わる政策

#### (1) 経済的規制と社会的規制

規制には2つの種類があり，それらは**経済的規制**と**社会的規制**といわれる．前者の経済的規制は，交通分野であれば交通事業者の営業を規制するものであり，特に市場への参入と退出の規制が代表的である．航空分野のように参入撤退の規制が段階的に撤廃されてきた分野もある一方で，適正なサービス維持の観点から需要に合わせた供給に抑える**需給調整規制**が行われてきたタクシーのような分野もある．

また，経済的規制には運賃や料金に対する規制がある．特に地域的独占などによって競争環境が整っていない交通やエネルギー市場などで古くからある．従来は**総括原価方式**，すなわちサービス提供に要するコストに一定の利益分を上乗せした収入となるように運賃や料金を定める方式が定着していたが，近年の参入規制緩和と共に料金の**上限価格方式（プライスキャップ）**や**上限収入方式（レベニューキャップ）**などに切り替えられている．これらは健全な競争環境を整えることでサービスを低下させることなく事業者が競争的に料金を下げるとの考えによる．

さらなる自由化を進めれば料金規制を撤廃し自由化することも可能であるかもしれないが，公共性の高いサービスでは過当競争による品質や安全の劣化に配慮する必要があり，むやみに自由化を進めて価格以外の安全を含むサービスが劣る結果を招かないようにする必要がある．

一方，社会的規制は，狭義には①市場の失敗を正す規制が該当し，経済活動による損害を補償する効果が期待される．一方，広義に捉えた社会的規制は，広く経済的規制を包含し，②社会の価値（正義，公正，公平など含む）を向上させるための規制一般をさすことになる．①の規制には外部不経済の抑制を企図した多くの安全規制や環境規制が当てはまる．我々に身近な道路交通規制や航空会社に対する運行上の安全規制などはその典型である．また，②の規制には，たとえば都市開発の総工費の1%を芸術目的に充当することを定めた規制などが挙げられる．

### (2)　料金・運賃等に関わる政策

交通サービスの運賃や料金に関わる政策は，事業の競争環境の改善と連動するものの他に次のようなものが挙げられる．すなわち，渋滞緩和のために導入される道路などの**混雑料金**，混雑緩和や都市環境改善のための**エリア課金**（ロンドンやシンガポールの**ロードプライシング**）等である．これらは自動車の社会的費用，すなわち**外部不経済**の内部化を図る目的も有している．

インフラ投資を効率化するための課金政策もある．たとえば，都市鉄道整備では朝夕のピーク時間帯に合わせた車両を用意する必要があるが，需要を平準化して必要編成数を減らせれば費用削減になる．そのためピーク時間帯料金を設定した地下鉄の事例等もある．さらに，公共交通の利用促進のため昼間時間帯に運賃割引を導入する政策なども挙げられる．

航空会社が航空運賃を購入時期や条件によって自由度の高い価格に設定して事前に席を埋める**イールドマネジメント**と呼ばれる戦略が定着しているが，これも料金・運賃の自由化によって可能になった経営手法の１つと言える．

都市公共交通に対する財政支援などの助成政策が行われているが，これは公共交通の性格上，原価から算定した料金では高額すぎる地域があって著しく公平さを欠く場合や，自由競争に任せると運営する事業者が現れない地域が生じる場合があることから行われている．特に欧米では運行費用の半分程度を運賃収入で賄うことを目標に運行されている都市鉄道は少なくない．それらの鉄道の建設費用は税金等から捻出され運賃に上乗せされることはない．補填される公的資金については，それを前提に事業者が入札などで選定されることから赤字補塡という意味合いではなく，公的サービス運営業務の必要な費用という位置づけになることが多い.

規制緩和政策の流れに従って，黒字化が困難な都市の鉄道やバスサービスで，運賃収入で賄えない赤字分を各社が入札時に示し，自治体にとって最も安い支出で済む事業者に運営を委託する制度や，あるいは運営費用を提示して入札する制度など，様々な官民連携の取り組みが考案され，自治体がサービスを購入する方式が普及してきた．欧州では**公共サービス義務**（PSO）という概念が定着しており，行政が地域で必要となる公共サービスを維持するために事業者に一定の財政支援を行う前提で入札選定を行う制度等が定着している.

### (3) 規制緩和政策の経緯と現在

次に航空交通を例に規制政策の変遷を概観してみよう．米国で 1978 年に**規制緩和法**が成立し，新たな航空会社の参入や市場からの撤退が自由化され，運賃規制も撤廃された．その後現在に至るまで，世界各国で規制緩和が進み，格安航空会社（**ローコストキャリア**）が急速に市場規模を拡大してきた．また，国際航空の分野では**二国間協定**に関する規制緩和が順次進められ，相手国の空港や便数を自由に選べるような自由化が加速している.

この過程で米国国内では航空会社の設立が規制緩和直後から急速に進み，一時は 300 社を超えるまでに数を増やした．大手航空会社は経営方式の変更を迫られ，拠点空港を少数に限定した**ハブアンドスポーク**運行に移行することで既存会社間および新規参入会社との競争に対応していった．一方の新規航空会社も淘汰を繰り返しながら，2 地点をローコストの直行便で提供する規模の大きな格安航空会社が台頭するに至った．また，需要の十分でない地方部の**地域航空会社**も存続し，それらは大手航空会社のスポーク部分を担うなどして提携関係を強め現在に至っている．欧州やアジアでも同様に規制緩和の大きなうねりが生じ，格安航空会社が国際線に進出して成功を収めている.

このように航空分野では規制緩和によって運賃低下が顕著に現れているが，一方で安全規制などは存続し，必要に応じて強化されていることを忘れてはならない．発生頻度はさほど高いとはいえないものの，格安航空会社等の航空機事故も発生した．いうまでもないが，安全やセキュリティに関わるサービスの保証は規制緩和だけでは得られない．また，自由化が進んではいるものの，主要空港の発着枠に容量制約があるため，混雑する大都市空港では発着枠の配分ルールがいわば物理的な規制として残る現実もあり，そこに市場ルールを導入する空港もある．

なお，航空規制緩和とほぼ同時期より，英国のバス交通などでは航空と同様に規制緩和が進められた．鉄道事業に対する規制緩和も大胆に進み，**上下分離**といってインフラ保有会社と列車の運行会社とを分離することで，複数の運行会社が参入可能な市場を形成するようになった．高速道路の民営化や官民連携事業なども多数登場してきた．新規の区間を民間会社が PFI（**プライベートファイナンスイニシャティブ**）によって建設し運営することや，既存施設に対して契約期間を定めた入札によって運営会社を選定する方式など，様々な形態で官民連携が進んでいる．これらは道路，鉄道，空港などの交通サービスや，通信，電力など様々な公的サービスの分野で進展してきた．なお，規制緩和が遅れたタクシー分野では，新たに**ライドヘイリングサービス**が規制緩和と共に登場して，大きなシェアを短期間に奪われた国や地域も現れている．

以上のように，規制緩和が交通分野のモビリティを変革することに貢献してきたことは間違いない．今後，更なる技術革新のなかで**自動運転**や**ドローン**などをはじめ，新たに登場するサービスが規制緩和によって普及できる環境を，どのように整えるかについて，国や地域のなかで公共計画との整合性を考慮した議論が必要と考えるが，現状では安全等の技術面の課題が最も重要といえよう．

### 2.5.2　道路マネジメントに関する政策

次に，道路交通を対象にした総合的なマネジメント政策を概観しよう．既に本章を通じて述べてきたように，自動車は 20 世紀初頭から今日に至る百年以上に亘り，利便性の高い個別輸送機関として都市で主要な位置を占めてきた．しかし，大気汚染，$CO_2$ 排出，騒音，振動，交通事故などの**外部不経済**が大きく，これらへの膨大な取り組みが都市交通政策の最重要課題であり続けたともいえる．

しかし，その解決は容易ではなく抜本的な改善に向かっていない国や地域も未だ多い．そのようななかで都市交通を総合的に捉え，かつ自動車中心の都市づくりや交通システムを改変しようとの努力が各地で本格化しつつある．総合的に取り組むという点では**第3章**に解説する計画体系のもとで土地利用や公共交通等を含めた総合的で持続的な計画の実現が必要と考えられるが，ここでは特に道路交通のマネジメント政策として5つの手段を順次解説しておく．

まず第1に自動車交通そのものを直接的に管理する政策手法を挙げることができる．それには自動車の流入規制，信号制御，通行規制や先述の柔軟な料金政策，などがあり，本格導入の前に**社会実験**を行う場合もある．

第2に自動車交通からの転換を促し公共交通への利用促進を進める政策がある．これには先に述べたようにパークアンドライド，パークアンドバスライド，サイクルアンドライドのような施設整備やライドシェアリング，バイクシェアリングなどシェアリングサービスによる乗り継ぎの利便性を向上させる政策，共通運賃，優遇運賃，共通カード，**MaaS**導入などサービスと料金の一元化による利便性向上策，さらに**モビリティマネジメント**によって自動車利用者の行動変容を促し，公共交通機関への転換へ誘導する取り組みなどが挙げられる．

第3の手段は，**道路空間再配分**によって自動車の利用スペースを制限する政策である．これは歩行者，自転車，バス，ライトレールトランジット（LRT）等を相対的に重視することで物理的に自動車交通を削減することを意味する．従来の常識では道路混雑が激化するため困難と思われていた区間でも，迂回路の確保が可能な都市内道路においては各自が利用を変更することで大きな混乱を招かないことが，世界各地の実践結果として報告されている．フランスなどでは今世紀に入り，地域の交通計画の策定時に，自動車交通の削減を計画目的に含めることが義務化されたため，都市内の道路空間にLRTや自転車通行空間等を新たに導入することで，一般の自動車の走行空間を減じる計画が各地で実行されている．

第4の手段は，自動車の駐車政策である．駐車料金の弾力化，路外駐車場の付置義務化，あるいは逆に駐車場設置の抑制などによって，都心に流入する自動車台数そのものを減らすことや，流入車両の路上駐車を減らす取り組みなどである．都心の周辺部に駐車場を設けて，そこから公共交通に乗り換えて都心に向かわせるパークアンドライドも自動車側から見れば駐車政策と言える．

また，自動車ではないが，近年はシェアサイクルの利用返却のポートを道路上に多数設置することで公共交通のフィーダーとしての利便性を高め，さらに短距離の自動車利用を代替させようとの政策も進められる．

そして最後の第5の手段は，道路交通の安全政策である．維持管理や施設改修などによって安全そのものを高め，結果として事故や維持管理に伴う交通渋滞をも減らすことができる．交通事故の対策は，分離政策（ガードレール，歩道橋，歩道），交通規制政策（TU 規制，一方通行化など），標識・表示，交差点小型化などの重点対策などがとられてきた．近年は自転車の安全対策が総合的な政策のなかで行われるようになり，自転車走行空間を車道上に整備して，自動車や歩行者からの分離を図りつつ安全な環境を設ける政策的な展開も進められつつある．また，今後とも重要な課題に高齢ドライバーの事故防止と子供の交通安全に関わる総合的な政策などが挙げられる．

このように道路空間の利活用だけをみても，幾つもの政策が構想され展開されてきたが，これらを上手に組み合わせ，ソフトな政策を含めることで一層の効果をもたらすことは明らかであり，自動車の流入量，通行空間，駐車空間を総合的にマネジメントしつつ，公共交通等のサービスを向上させることが広く環境や都市の魅力向上に必要と考えられる．

### 2.5.3　持続可能な公共交通のための総合的な政策

一方，我が国の公共交通については，利用者の減少になかなか歯止めがかからず厳しい経営状況の事業体が少なくない．一度災害で途絶したら，もはや復旧することが困難になり，また復旧が疑問視される区間もあるだろう．公共交通の維持については，我が国に留まらず世界各国の課題である．ただ，欧州や北米などの国や地域では都市の公共交通が必要不可欠な公共サービスと捉えられているため，たとえ民間企業による運営が行われているとしても，その多くは地方自治体との契約に基づく運営である．そのため，施設の建設費を負担することはなく，運賃収入が自治体の収入になる代わり，運行に必要な費用はすべて公的資金で賄う形態などもある．運営主体が運賃収入を受け取る場合でも，その総額が年間運行費用の半額程度になることを目標にしていることが多い．

我が国と考え方の違いが大きいことは明らかであるが，このような公共交通を，我が国で持続可能なサービスとして地域でいかに残していけるのか．その点から改めて計画手段の全体像を考えてみよう．それは前節の手段の全体像とも関わりがあるが，道路空間のマネジメントを超えた取り組みが必要になると考えられる．**表 2.1** に都市鉄道や都市内バスなどの公共交通を地域で持続可能

**表 2.1**　公共交通の持続可能性を高めるための政策手段の一覧

| 計画・政策の分野 | 具体的な手段の例 |
|---|---|
| 公共交通サービスの改善・支援 | 利便向上（駅施設，低床車両，走行環境等）の改善，MaaS 等の利用促進，交通バリアフリーの推進，EV 等導入，運賃の柔軟化，規制緩和，上下分離，運営方式の見直し，助成制度の強化など |
| 道路空間の見直し | 道路空間再配分によるバス等の速度改善，駐停車・荷捌き環境の整備，駅アクセスの強化に資する歩行者空間整備や自転車走行環境改善など |
| 自動車の利用抑制 | 自家用車の保有抑制（税金等），走行抑制（課金等），駐車抑制（容量，料金）など |
| 企業と人の行動変容 | 勤務形態（リモート，サテライト）の柔軟化，通勤方法の変更，カープーリング，環境配慮行動の推進，行動変容の促進強化など |
| 土地利用の見直し | 職住接近，都市のコンパクト化，都心再整備，郊外出店抑制，スマートグロース，公共交通指向型開発の促進など |
| 社会の価値変化への対応促進 | 地球環境問題，エネルギー問題，サステナビリティ，人口減少，少子高齢対応，公共交通の衰退問題，スローライフ，防災，安全・安心の重視，国際競争力強化，魅力ある地域づくりなどへの配慮 |

なシステムとして考える際の政策手段について概観してみた．

公共交通を考える際にも，道路交通や自動車保有，あるいは土地利用などを考えなければ長期的で持続可能な運営が困難なことは，既に本章で解説した歴史からも明らかといえよう．なお，対象とする手段の範囲は，対応する計画の範囲によって変わることになるが，その点については次の**第 3 章**で学ぶことになる．

### 2.5.4　新技術の開発による先進的な政策

次に，新たなテクノロジーの開発によって導入可能となった政策について，道路交通を対象に概観しておく．道路交通の高度化による安全・環境改善としてまず挙げられるのは，**ETC** システムの普及である．これによって料金所の渋滞が解消し，料金制度を柔軟化することも可能になった．実際，時間帯や走行距離で料金を変えることは ETC システムの普及がなければコストに合わない政策であったといえよう．また，カーナビなどの車上情報提供システムの普及によって，混雑を避けたリアルタイムの経路選択が徐々に実現可能になり，交通流の円滑化に現状でも多少なり貢献していると考えられる．

近年は運転支援機能の高度化も進み，カメラ，ライダー等の計測技術の進歩，AI の進展などによって運転を支援する水準も上がっている．ライドヘイリングアプリと呼ばれる**ライドシェアリングサービス**が世界各地で広がり，自家用車のみならず，オートバイや **LAMAT** と呼ばれる地域固有で定着し発展してきた交通システム，たとえばタイのツクツクやインドネシアのアンコット等の様々な車両交通においても急速に普及している．先進国でも地方部で福祉などの移動サービスの提供手段としての活用も見られ，将来の自動運転によるサービス展開に結び付く可能性が高く，大いに期待されるテクノロジーである．

また，環境対応型の交通管理システムとして，環境負荷の大きな大型車両の加減速を減らす道路運用の工夫として，信号制御の高度化による交差点での停止回数の削減，エコドライブの促進，アイドリングストップの自動化の普及，電気自動車（EV）の普及促進などが進められ，EV に対する走行中給電システムなども試行され，それら新しい技術の開発によって，環境負荷の軽減効果を一層高めていくと考えられる．

たとえば，米国のサンディエゴ都市圏などでは，訴訟を受けた 2011 年の計画以降も，連邦のルールにもとづき 4 年に一度の頻度で，2050 年までの**地域交通計画**を更新しているが，モビリティを取り巻く革新的なテクノロジーの発展が著しいことを踏まえて，新技術によって変わる地域の未来を積極的に描くことで，市民と共有可能な将来計画の策定に取り組んでいる．自動運転や走行中給電が行われる道路網，新幹線から自動運転バスなどを含む新たな公共交通網，各地区拠点に展開するモビリティのハブ，柔軟なオンデマンドサービスによるモビリティのフリート，新しいオペレーションシステムという 5 つの革新的な分野で 2050 年までの未来の姿を，温室効果ガスの抜本的な削減を前提として示し，**市民参画**を積極的に行って計画策定を進めている．このような新技術を積極的に長期計画の検討に含めることが，今後一層重要になってくるが，その際に社会の受容性をどのように確保するかが公共計画の大きな課題となるだろう．

### ◆◆本章のまとめ◆◆

本章は「土木と環境の計画」の目的達成の「手段」について，その選択の理論，計画手段選択の変遷，そして環境，土地利用，交通という土木計画の幾つかの対象について解説したものである．現代まで通用する歴史的な考え方を知り，百年以上に亘る自動車交通とそれを支えた道路インフラの計画史，そのなかで発展した環境配慮や，計画検討の技術，とりわけ需要予測方法の発展経緯などの概要を理解した．また，我が国の環境問題の歴史を概観することで，環境が制約条件から計画手段に，そして計画目的へと変化してきたことを学んだ．移動（交通）と居住（土地利用）とを一体的に考える計画手段や，交通分野の規制緩和や総合的な政策手段などについても理解を深めた．

## 2章の問題

□**2.1**　次の問いに答えよ．

(1)　アリストテレスがいう最も容易に最も美しく達成される手段によって計画を選定する際の課題を考えてみよ．

(2)　都市環境問題の3つの特徴（外部不経済型，ニンビー型，公共ディレンマ型）が同時に発生する例を挙げてみよ．

□**2.2**　以下の3つの質問に答えよ．さらに「社会がすべきこと」と「個々人が良いと思うこと」との社会における意味の違いを踏まえて土木計画の視点から考察せよ．

(1)　温室効果ガスの増加で地球温暖化が進行しているのは事実だと思うか．

(2)　これらが事実か否か明白でないとして，人類あるいは我々は今何をすべきか．

(3)　その際，個々人が良いと思う行為は認めるべきか．

□**2.3**　これからの社会で何を重視することが良いと思うか．個人の意見として，①安全，②環境，③活力（経済），④生活（社会），の4つの分野に対して1位から4位まで順番を付けよ．また，自分の住む市町村では特に何を重視することが良いと思うか．

# 第3章

# 計画の体系

土木計画に関わる分野の計画の全体像を学ぶことで，計画間の相互の関係や上位計画から事業に至る計画の全体像を計画体系として理解する．上位計画の種類や性質を学び，ネットワーク計画などを含む上位計画の重要性を理解する．

## 3.1 土木と環境の計画体系

### 3.1.1 計画体系とは

本章のねらいを簡単に述べると，読者に現代の日本の計画にどのようなものがあるのかを知ってもらうことにある．それを知る過程で，個々の計画の位置付けや計画相互の関係を俯瞰的に知ることになる．**第1章**に示したように計画相互の関係のことを計画体系と呼ぶが，それは**上位計画**が存在しないと構成できない．そのような上位計画の重要性についても理解してもらいたい．

さて，改めて計画の体系を定義しよう．それは「複数の計画の相互の関係を明らかにした全体像」と考えられる．ここで，「複数の計画」とは，①国と地域（地方），あるいは地域間で2機関以上の計画，②国や地域の機関内部の複数の計画，③特定分野の上位計画から実施計画等までの複数の計画，④以上の①, ②, ③の組合せによる複数の計画，のいずれかになるだろう．また，「全体像」とは計画間の「相互の関係」を図面などによって表現したものである．

ここで「相互の関係」を具体的に説明することはかなり難しい．というのも実在する計画体系に示された相互の関係には様々な用語が用いられているためである．ここでは1つの考え方として，一方の計画が他方の計画に対して次のような用語で表現される場合を「相互の関係」と位置付けることにした．すなわち，(a) 根拠とする（あるいは，基づく，基本とする），(b) 準拠する（則する），(c) 適合する（即する），(d) 整合する（調和する），(e) 連携する（配慮する，尊重する），(f) 関連する，という用語で表現された関係である．

(a) から (f) が概ね関係の強弱の順に並んでいると考えられるが，必ずしも厳密ではない．カッコ内に併記した用語は概ね同等の意味と捉えているが，それも確かとはいえない．(f) の関連という希薄な関係については，何もない訳ではない程度で，おそらく互いを拘束することはない関係と思われる．西谷は，このような用語を**計画間調整規定**として，基本的合致と具体的合致，垂直的関係と並列的関係という2つの軸で整理している[1]．ただ，それぞれがどのような意味を持つものかは必ずしも明確ではなく，解説した文献も見あたらず，内閣法制局に共通の理解や基準があると聞いたこともないとしている．

計画の体系は，それが存在すれば良いというものではなく，それ自体でも常に見直しを迫られるものであると同時に，体系を構成する個々の計画の改訂に伴って修正する必要が生じるものである．体系がなければ個々の計画の位置付けは極めて脆弱であるが，体系があることで個別計画が硬直化してしまうなら本末転倒といえるだろう．

### 3.1.2　計画体系の整理方法

計画を5要素で表現すれば，「誰が（主体）何を（対象）何のために（目的）どのように（手段）実施するのかをまとめたもの（構成）」といえるが，この文章のなかに「いつどこで」に相当する計画の属性は明示されていない．「いつ」は計画がカバーする期間などの「時間」に対応し，「どこで」は計画の物理的範囲や地理的場所を示す「空間」に対応する．対象に属するとはいえるが，計画体系を整理する場合に，複数の計画間の関係性の表現の仕方として，上記の5要素に「時間」と「空間」という2つの属性を加えた整理が考えられる．

時間軸には，①**計画がカバーする期間**（短期から長期という軸）の他に，②**計画が実現に向かう時間軸**（計画が時間と共に策定され実現に向かってゆく時間）もある．たとえば，上位計画から構想段階の計画へ，計画の決定から事業実施の計画へ，そして事業実施中の工程管理計画等へと進むような時間の軸である．また，空間軸についても，①**空間的な広がりの相違**（国土全体や州，県の大きさから，都市圏や市町村，あるいは市町村内の特定の地区などの広がりまで，広域から狭域まで）があると同時に，②**計画の地理的な立地点**（海洋，沿岸から市街地，山間地，地下，地上，上空まで）としての軸もある．

以上の「時間」「空間」軸に加えて，計画の対象軸として，計画が対象とする分野や部門という整理軸，計画の主体軸として，計画を策定する主体に応じた整理軸なども考えられる．さらに必要があれば，目的，手段，構成を整理のために用いることも可能であろう．本節ではこのような考えのもと体系を考察してゆくことにする．

### 3.1.3　各国の計画体系

まず，日本の土木計画に関わる主要な分野で，計画の全体像を体系として示すことを考えてみよう．**図3.1**に描いてみたものは，「主体」と「対象」の2つの軸で表現した日本の当該分野の計画の全体像である．図では法定計画と非法定計画の違いを示してある．

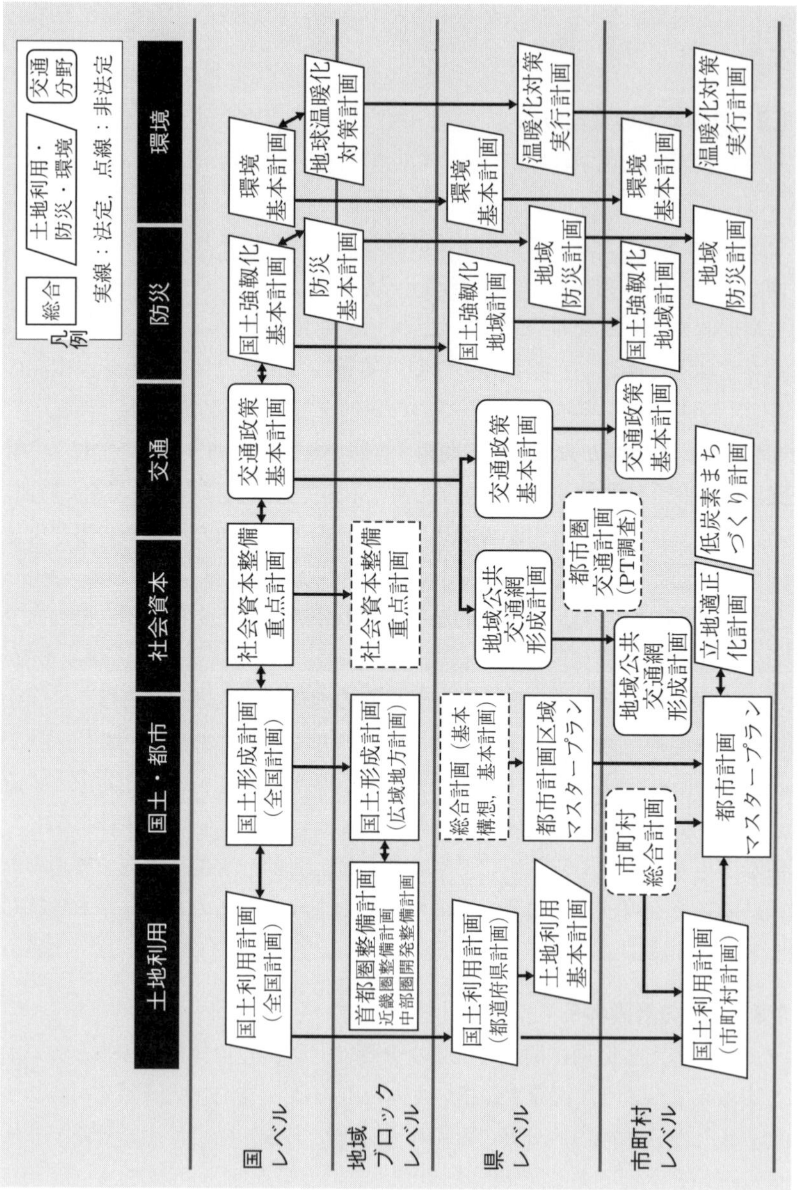


**図 3.1**　我が国の土木計画に関わる主な計画の体系

この中で特に比較的最近の法制化に伴って，次のような計画が策定され始めている．すなわち，2013 年に**交通政策基本法**が制定されて**交通政策基本計画**が策定され，同年，**国土強靭化法**が制定されて**国土強靭化計画**の基本計画と地域計画とが策定されている．また，2014 年には**地域公共交通の活性化再生法**が改正されて**地域公共交通網形成計画**が日本各地で策定されるようになっている．同年，都市再生特別措置法が改正されて**立地適正化計画**が各地で策定され始めた．さらに**図 3.1** には記載していないが，2016 年には**自転車活用推進法**が制定されて**自転車活用推進計画**が，**無電柱化推進法**が制定されて**無電柱化推進計画**がそれぞれ策定され，その後各地で地方版の計画が作られている．以上のように，国土，地域，交通などの計画制度が順次整えられて全体体系としての整備が進んできたということができよう．

次に外国の計画体系について，特に地域計画，地域の交通計画に着目して簡単に概観してみよう．**図 3.2** にはフランス，英国，米国の 3 か国の体系を示している．地域（州，都市圏）や都市の計画制度は一般に短期間には変化しない．それは，短期間では計画から事業完成までを実施できない公共計画分野の特徴ともいえるだろう．ただ，世界的な規制緩和や地方分権の潮流を受けて，都市開発に関わる計画制度や規制などは緩和される方向で変化してきたことも事実としてある．そのため，地域計画の体系も各国で多少変化してきたが，大きな枠組みはさほど変わらないともいえる．計画主体が責任を持って計画を立案し，それを如何に実現するかが問われるという体制は概ね守られている．

これらの国の計画体系の詳細を知る必要はないが，他国にも計画体系があり，国と地方（州，県，都市圏，市町村）の役割のなかで地域計画が位置付けられていることは記憶されたい．たとえば，米国では国の法律のもとで州政府が，都市圏を除く州全体の長期計画を定める．一方，各都市圏には**都市圏計画機構**（MPO）と呼ばれる組織があって都市圏内の長期計画である**地域交通計画**の策定を担う．地域交通計画では 1 年後から 20 年以上先までの将来をカバーするが，この長期計画に記載されたプロジェクトでなければ短期のプログラムに含められない．そして短期プログラムに記載されていなければ事業化に進むことはできない．このように計画の体系が個々の事業の実現を左右する重要な役割を担っている．なお，長期計画といえども，5 年未満程度の比較的短い期間で更新される．

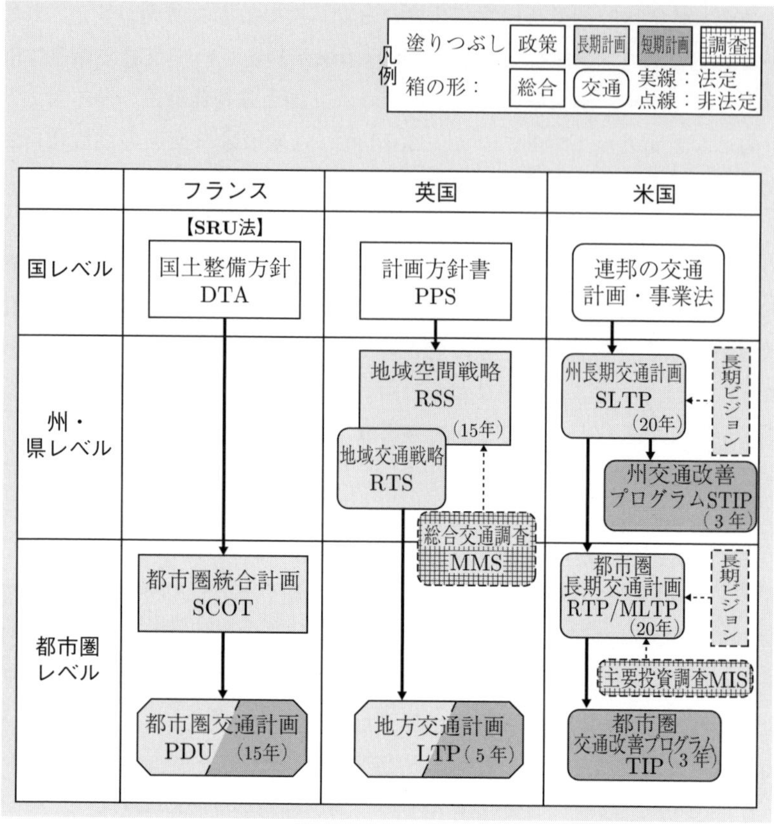


**図 3.2**　フランス，英国，米国の地域交通計画の体系

### 3.1.4　地方自治体の計画体系

日本の地方自治体の計画の最上位にあると考えられるのは，**総合計画**と呼ばれるものであり，それは**基本構想**，**基本計画**，**実施計画**の 3 つにより構成されていることが少なくない．総合計画の法的根拠は，地方自治法第 2 条第 4 項によって，「市町村は，その事務を処理するに当たっては，議会の議決を経てその地域における総合的かつ計画的な行政の運営を図るための基本構想を定め，これに即して行なうようにしなければならない」とされていたことに根拠がある．しかし，2011 年の同法改正時に本項は法律から削除されている．

当時は地方分権化の圧力が強い時期であり，基本構想などの策定を国の法律で義務化せずに，必要があれば各自治体が条例で定めれば良いとされた経緯がある．筆者は総合計画のようにすべての自治体が持つべき基本的な計画を，国の法律から除外して根拠を弱める必然性は乏しく，逆により効果的で有効な計画とする法制化こそ行うべきと考える．確固とした法律の根拠のもとで，創意工夫に満ちた内容の計画を各自治体が競うことの方が本質的である．実際，その後もほとんどの自治体が総合計画を有していると考えられるが，それは当該地域の将来に責任を有し，そして将来の実現に取り組む自治体にとっては当然のことといえよう．

さて，**第1章**でも述べたように計画の種別として**公共計画**と**行政計画**とを対比できる．総合計画の位置付けについて，公共計画と行政計画という2つの視点から整理した東京市町村自治調査会の報告がある．それによれば**表3.1**のように自治体の総合計画を位置付け，内容，主体，議決対象か否かによって整理することができるとされる．公共計画の策定主体を地域社会全体（市民）としていて，この考え方は加納が都市計画の主体を都市住民としていることに通じるが，このような位置付けには議論が残るだろう．市民の役割分担を明記する行政計画や公共計画は少なくないが，それが仮に一方的な記載であったとすれば，いかがなものであろうか．計画策定主体が責任を有する主体であるなら，

**表3.1*** 総合計画における公共計画と行政計画の対比例（公益財団法人 東京市町村自治調査会ホームページ：市町村の総合計画のマネジメントに関する調査研究報告書，2013.3, p.59.）
（* 印が付いている図表は図表典拠参照，以下同）

| 性格 | 位置づけ | 計画に盛り込む内容 | 策定主体 | 議決対象 |
|---|---|---|---|---|
| 公共計画 | 比較上位の計画<br>（基本構想，<br>基本計画など） | 地域社会のビジョン<br>市民・事業者・行政の責任，<br>役割分担（協働事業など）<br>地域社会目標（指標）など | 地域社会全体<br>（市民） | 必須 |
| 行政計画 | 比較下位の計画<br>（基本計画，<br>実施計画） | 行財政運営の方針（行政の基本理念）<br>行政の分野別施策・重点事業など<br>成果指標など | 首長を長とする行政 | 必要に応じて |

市民が責任を分担することに合意する何らかのプロセスが必要になるだろう．この点は次章以降で市民参画の文脈で論じることになるため，ここではこれ以上言及しない．

さて，最後に**地方自治体の計画体系**の例を示そう．**図 3.3** には東京都大田区の都市計画，交通計画に関わる計画体系を概観している．これは幾つかの図面をもとに筆者が描いたものであるが，ここでは特に分野間の結び付きに着目し

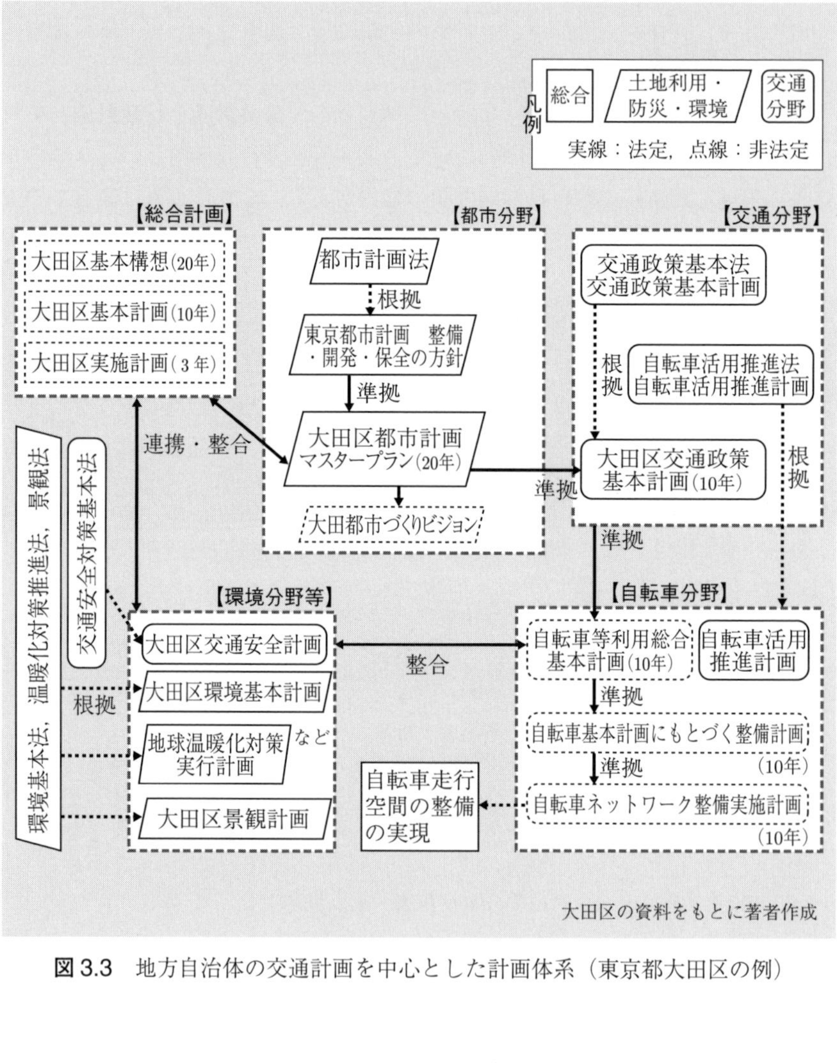


**図 3.3**　地方自治体の交通計画を中心とした計画体系（東京都大田区の例）

て上位計画から自転車ネットワークの整備を実施する計画までの流れを把握できるように示してみた．大田区の計画とその根拠となる国の法律や計画，東京都の方針などが区分されて示されている．先に示した総合計画が都市計画のマスタープランにつながり，そしてそれが交通分野の基本計画へ，さらに自転車という特定分野の基本計画，整備計画，実施計画へと連なっている様子が俯瞰できると思う．

ちなみに，このなかで交通政策基本計画については，その理念が「世界とつながる交通（グローバル）から地域の交通（コミュニティ）まで，多様な特性を有する同区の交通の総合的な充実を目指す（グローバル to コミュニティ）」とされ，目標として，

①誰もが住み慣れた地域でいきいきと快適に暮らせる移動しやすい交通環境の創造（暮らし）
②産業や仕事，人々の交流など都市のにぎわいや活力を支える交通環境の創造（都市の活力）
③地球や都市，人にやさしく安全・安心で持続可能な交通環境の創造（環境）

の3つを掲げて目的と施策の全体像を明らかにしている．**図 3.4** には，同計画の全体像を区民のライフステージなどに対応させて描いた主要施策の方向性が示されている．このような分かりやすい伝え方で計画を表現し，施策の優先順位を定めて計画を推進することが企図されている．

| 対象 | | 課題 | 将来の私たちの暮らしのイメージ | 暮らしのイメージ詳細：多くの場面で | 暮らしのイメージ詳細：自転車を利用する場面で | 暮らしのイメージ詳細：公共交通を利用する場面で | 暮らしのイメージ詳細：自動車を利用する場面で |
|---|---|---|---|---|---|---|---|
| 幼年期(就学前) | | ・幼児の交通事故対策の充実 | 幼児や小学生が安全に生活でき，子育てしやすい． | ・学校や住宅地の周辺などでは，通過交通の抑制が図られ，安全が保たれている． | ・年齢に応じた自転車安全教室が開催され，子供や学生の自転車マナーやルールを守る意識が高い． | ・幼児や小学生が，鉄道やバスなどの公共交通を安全に利用できる． | ・学校や住宅地の周辺などでは，通過交通の抑制が図られ，安全が保たれている． |
| 小学生期 | | ・子供の交通事故対策の充実 | | | | | |
| 中学生期 | | ・交通事故対策の充実（年齢層別の交通安全教育，普及啓発等）<br>・交通手段を組み合わせた総合的な交通サービスの提供（鉄道，バスのサービスの提供，道路の整備，駐車場の整備，自転車の通行空間，駐輪場の整備，ルール・マナーの普及啓発，歩行空間の整備等）<br>・交流の促進 | 生活の様々な場面で必要な外出が安全・快適にできるとともに，人々が交流しやすい． | ・住宅地の周辺などでは，通過交通の抑制が図られ，安全が保たれている．<br>・歩道は，人が通行するだけではなく，幅員が広く，緑も豊富で，滞留機能などもあり，歩きたくなり，人との交流が促される空間になっている． | | ・通学に利用する，鉄道やバスなどの混雑が軽減され，利用しやすい． | |
| 高校生期 | | | | | ・通学や通勤の主要なルートは，自転車の走行環境が充実している．学生や若者の自転車マナーやルールを守る意識が高い． | | |
| 成人期(若者) | | | | | | ・ICTの普及とともに鉄道やバスの利便性が向上し，通勤をはじめとした区内，区外への移動が活発化する．<br>・生活，業務，産業，観光など，様々な場面で公共交通が利用される．<br>・鉄道やバスだけでなく，様々な交通手段を組み合わせることで，移動の足が確保されている． | ・広域的な道路ネットワークが整備されることで，人や物の動きが活発化するとともに，生活道路への通過交通が抑制されている．また，災害発生時の物資の輸送等にも対応できる．<br>・区内の道路網の整備が進むとともに，ICTとの連携により交通渋滞が減少している．また，歩行者，自転車，自動車などがそれぞれ安全に移動できる．<br>・将来の新たな交通手段なども含め，バランスのとれた道路利用がされている． |
| 成人期（一般） | 子供がいない | | | | ・区内における自転車ネットワークが充実し，自転車で安全に走りやすい．<br>・自転車が適切に駐輪されている．<br>・学校，事業者，警察が連携して行われる安全教育により，利用者の自転車マナーやルールを守る意識が高い．<br>・子育て世帯や高齢者などが外出する際に，自転車を使って安全に外出することができ，人との交流が促される． | | |
| 成人期（一般） | 子供がいる | ・妊娠中，出産時の移動を支援（マタニティタクシー（陣痛タクシー）の利用支援等） | 妊娠中や出産の際にも，安心して生活できる． | | | | |
| | | ・乳幼児を連れて外出しやすい環境づくり<br>・乳幼児を連れた外出の総合的な取り組み（施策のパッケージ）による支援<br>・乳幼児を連れて公共交通機関で外出することの支援<br>・乳幼児を連れて外出する際の道路等の改善 | 乳幼児を連れて，安全に，心理的な負担なく外出できる． | | | | |
| | | ・子育て支援タクシー等の利用支援 | 小学生の子供がいても，安心して快適に生活できる． | | | | |
| 成人期（高齢者） | 自立している高齢者 | ・交通事故対策の充実<br>・社会参加する機会の充実<br>・高齢運転者対策の推進 | 外出や交流などにより，元気や健康を維持し，生きがいをもって活躍できる． | | | | |
| 成人期（高齢者） | 支援が必要な高齢者 | ・ユニバーサルデザインのまちづくりを進めて，特に支援が必要な状態の方であっても，円滑に移動ができる交通サービスの検討 | 介護等の支援が必要になっても，地域で安心して生活ができる． | | | ・鉄道やバスだけでなく，様々な交通手段を組み合わせることで，自動車を保有していない人や，免許を返上した人でも，快適に移動ができる． | |

**図 3.4***　交通政策基本計画の施策体系を踏まえたライフステージごとの概要
（大田区ホームページ：交通政策基本計画，p.43 をもとに改変）

### 3.1.5　計画体系の重要性

多様な関係主体や市民に影響を及ぼす公共計画や行政計画の分野では，多くの人々の納得が得られた計画を前提としなければ事業を実施することが難しい．もし，それを無視して事業を行うとなれば，深刻な紛争などを引き起こすことにもなりかねない．したがって，社会で納得が得られた計画体系に位置付けられた計画であるのか，あるいは他に拠り所のないアドホックな計画であるのかという違いは，計画実施に向けて極めて重大な意味を有する．

なお，地方自治体では首長の交代が短期で起こる場合もあり，選挙のタイミングでマニフェストを約束することなどから，首長の執行期間のみの約束ごとに拘って短期の計画が重視されることがある．また，行政の人員削減などもあって，長期計画の見直しの作業量が負担となったりすることから，長期計画を短期に更新することはせずに，別の枠組みの計画を作成して対処することなどもある．自治体の政策方針の変革期に重なってやむを得ない場合もあるため，これらの是非を一括して問うことはできない．

長期計画の問題は，それが形骸化していることで実質的な意味を持たない場合や，それが硬直的であって革新的な技術開発やその社会実験・実装など新たな取り組みと折り合わない場合などであろう．スピーディな取り組みが必要とされる現代社会で，それを体系に位置付けられた計画の枠組み内で，臨機応変に自由度高く推進することが必要になっている．計画体系や計画という枠組みを活用して，柔軟性の高い施策を実施するためには，長期計画の短期的な更新は必要な対応と考えるべきであろう．

## 3.2 上位計画の特徴

### 3.2.1 社会基盤計画の上位計画

改めて**上位計画**について考える．本書で上位計画という場合，「事業計画段階」に対して相対的に上位に位置付けられた計画のことをさす．ここで**事業計画段階**とは事業の実施を前提に作られる計画段階であり，土木計画のなかの「社会基盤（インフラストラクチャ）計画」（例：道路，鉄道等）を対象とするなら，構想段階（概略計画）以降が該当する．この点は**3.3 節**で述べる．

さて，その事業計画段階に対する「上位計画」には，次の2種類が考えられる．すなわち，①事業計画の上位に位置付けられる対象分野の計画であり，道路や鉄道であればネットワーク計画（当該分野の上位計画）が挙げられる．またもう1つは，②ネットワーク計画のさらに上位に位置付けられる計画であり，国や地方自治体の総合的な計画が該当すると考えられる．

地域・都市や交通分野の上位計画を具体的に列挙すれば，①に対応したネットワーク計画として，**高規格幹線道路網計画**，地方自治体の道路網計画，都市圏鉄道ネットワーク計画（**交通政策審議会答申**），自転車ネットワーク計画などがあり，②に対応して，**国土形成計画**全国計画と地方計画（あるいは**全国総合開発計画**），地方自治体の総合計画，**都市マスタープラン**などがある．

また，関連分野の上位計画として，**環境基本計画**，**地球温暖化対策計画**，**交通安全基本計画**，**国土強靭化基本計画**と地方計画，**防災基本計画**と地域防災計画などを挙げることができ，これらは相互に連携していて，社会基盤の計画体系の全体像のなかに位置付けることができる．

ちなみに，我が国の最上位に位置した全国総合開発計画の変遷を目的と手段との関係に注目して列挙しておく．カギカッコで主要な目的と手段を示しているが，このような総括的な手段のもとに港湾，空港，道路，鉄道，治水などの様々な分野の個別手段が構成されていた．①全国総合開発計画（1962，以下，全総計画と略す）では「地域間の均衡ある発展」を目指して「拠点開発方式」が採択された．②第2次全総計画（1969）では「豊かな環境の創造」を目指して「大規模プロジェクト方式」が採択された．③第3次全総計画（1977）では「人間居住の総合的環境の整備」を目指して「定住構想」が採択され，④第4次全総計画（1987）では「多極分散型国土の構築」を目指して「交流ネットワーク構想」が，さらに⑤21世紀の国土のグランドデザイン（1998）では「多軸型国土構造形成の基礎づくり」を目指して「参加と連携」が掲げられた．そして，⑥国土形成計画（2008）では「二層の広域圏」という構想のもとで「地域ブロック，生活圏域」という考え方が導入され，⑦国土形成計画（2018）では「対流促進型国土」を形成するための重層的かつ強靭な「コンパクト・プラス・ネットワーク」の形成という考え方が導入されている．

### 3.2.2　上位計画の性質からみた計画の型式

以上に示したような上位計画には，実際のところ異なる性質を有するものが少なくない．上位計画として持つべき性質については，必ずしも明確な定義があるとは言えないが，次のような性質を持つ上位計画が存在すると考えることはできそうである．すなわち，

①**最終絵姿提示型の計画**（空間利用のマスタープランなど図面で将来の土地利用などを示すもの）
②**事業明示型の計画**（個々の事業名を計画内で具体的に示すもの）
③**優先順位・整備時期明示型の計画**（重点整備対象や短期から長期に至る事業の優先順位などを示すもの）
④**投資規模明示型の計画**（我が国では事例が少ないが，計画の必要性と共に事業規模を示し資金調達の方法や不足分を如何に手当てするかを論点とするもの）
⑤**理念・ビジョン型の計画**
⑥**ガイドライン型の計画**
⑦**基本事項確定型の計画**（大綱型）
⑧**目標共有・プロセス重視型の計画**（市民参画型の計画づくり）
⑨**数値目標設定型の計画**（個々の手段を明示しない）
⑩**行政指針型の計画**（内部効計画）

等である．一般に上位計画は上記のうち複数の機能をあわせ持つことが少なくない．

### 3.2.3　上位計画の類型と共有を目指す概念

さて，以上に示した上位計画が，たとえば地域で策定されるとして，その地域の市民や住民によってどのような計画内容が共有されるかを考えてみる．そのとき，以下の５つの共有概念が関わりを持つ可能性を仮定してみたい．５つの共有概念とは，①**長期時間概念**，②**広域空間概念**，③**文化歴史概念**，④**対話機会概念**，そして⑤**その他の共有概念**である．

これらのうち．①から④については**第７章**で再度説明するが，①は将来の人々や将来地域社会の課題を現時点で共有するという考え方であり，②は自分が住み暮らす地区とは別の地区の人々や広域社会の課題を共有するという考え方である．また，③は地域の歴史上の人物など過去の人々の作り上げてきた文化・歴史・伝統等を現在の人々が共有するという考え方である．そして④は現在の人々がコミュニケーションの機会を通じて地域でソーシャルキャピタルを形成するという考え方で，①から④によって，未来，他地区，過去，現在のそれぞれで計画内容について主体間で共有を目指すことになる．

また，それら以外に長期計画として共有を目指す概念があり得ることから⑤を用意した．たとえば，投資の幅広い効果や費用に関わる課題を共有する等を仮定できる．このように考えてみると，先に示した上位計画の様々な性質は次のように整理してみることができよう．

①**長期時間概念に関わる上位計画のかたち**：優先順位・整備時期明示型（重点整備，短期～長期等），長期の理念・ビジョン型

②**広域空間概念に関わる上位計画のかたち**：最終絵姿提示型（空間利用のマスタープラン），ネットワーク・事業明示型（個々の事業名を示す）

③**文化歴史概念に関わる上位計画のかたち**：目標共有・プロセス重視型（市民参画型の計画づくり）ほか，ほぼすべての上位計画で関係

④**対話機会概念に関わる上位計画のかたち**：目標共有・プロセス重視型（市民参画型の計画づくり）

⑤**その他の概念に関わる上位計画のかたち**：投資規模明示型（不足分を論点とするもの），数値目標設定型（個々の手段を明示しないもの）

## 3.3　上位計画から計画実施に至る体系

上位計画から事業実施までの段階は大きく「計画段階」と「事業実施段階」との２つに分けられる．前者の「計画段階」は，上位計画から都市計画決定までの段階で，これを「上位計画段階」と「事業計画段階」に分けることができる．そして「事業実施段階」は計画決定や事業認可後の事業実施から完了に至る段階である．これらの関係を，道路計画を例にして**図 3.5** に示した．

ここでは地方自治体の計画を想定しており，最上位の計画に地方自治体の総合計画が位置付けられ，その下にネットワーク計画が位置付けられている．これらの上位計画に定められた起終点を結ぶ特定の区間に対して**概略計画**が策定される．概略計画では施設の位置や規模が検討され，道路であれば，複数のルート代替案から１つのルートが選定され，都市計画段階に進むことになる．都市計画段階は法定手続きの段階であり，並行して環境影響評価が実施され，都市計画の決定に至ることで計画段階を終了する．その後は，事業実施段階に入り，事業認可を経て，建設工事，供用開始に至る．

この図には計画の体系に並置させて評価の全体像を示した．計画に対応する評価には「計画の評価」，「環境の評価」，「事業の評価」の３種がある．「計画の評価」は社会・経済・環境・防災等に関わる総合的な評価であり，「環境の評価」は環境への影響を特に対象とした評価であり，「事業の評価」は事業の効果に着目した評価である．「計画の評価」では，計画の及ぼす効果と影響とを計画の目的に照らして事前に評価する．なお，環境影響評価に関わる環境問題については既に**第２章**で学んだが，影響評価の方法については改めて**第６章**で学ぶことになる．

さて，土木計画の目的が経済，社会，環境，防災などに関わることから，評価においてはこれらに着目した総合的な指標が用いられる．計画の評価は上位計画の段階から行われるが，事業段階に近づくほど計画自体の解像度が高まり，それに伴って評価の精緻さも増すことになる．また，計画の実施後の評価は一般に事後評価と呼ばれる．

なお，「計画」と「評価」との関係については，「計画」が何かを生み出すメインアクターであるのに対して，「評価」は主役に寄り添う脇役である．計画の意義や影響を明確化する行為が評価の役割であることに留意する必要がある．

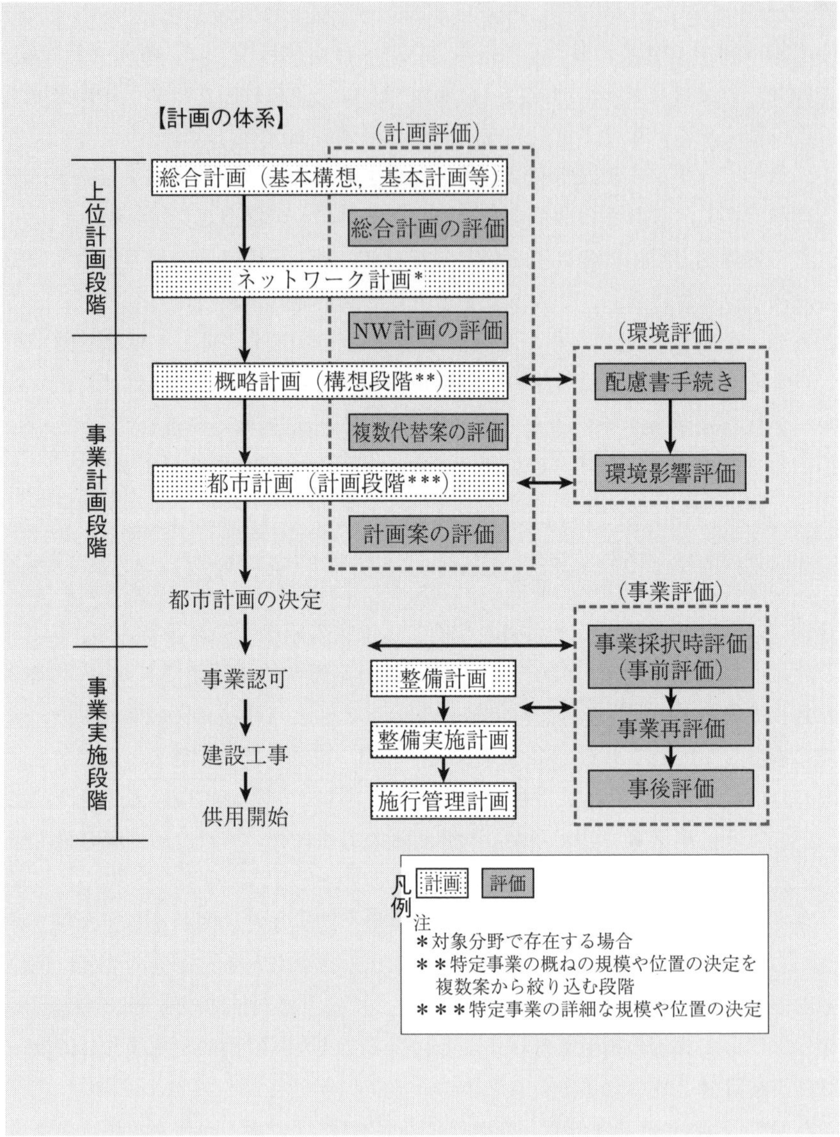


**図 3.5**　上位計画から事業実施までの計画の体系と評価の全体像

# 3.4　防災，安全，環境に配慮した地域の上位計画の体系化

## 3.4.1　強靭な国土に配慮した地域の計画

地域の計画を公共計画として策定する場合には，計画策定後の実施段階で，地域住民など，様々な関連主体の協力や協働が必要とされることから，計画の策定段階で計画の目的やその達成の手段について広く市民や住民と共有する工夫が求められる．これは特に，防災や国土強靭化，さらには地球温暖化対策などで必要となるだろう．

**図 3.6** には内閣府作成のガイドラインから国土強靭化地域計画と地方自治体の総合計画等との体系上の位置関係について 2 つのパターンを例示してみた．同ガイドラインにはもう一つパターン①として国土強靭化地域計画が総合計画の上位に位置付けられる関係が記載されているが，ここでは記載を省いている．参考までに横浜市における体系上の位置付けの例を**図 3.7** に示しておくが，これはパターン②に類するものと考えられる．国土強靭化という政策方向を示す総合的な計画を，分野別計画とみなさない考え方が，同ガイドラインに示されているが，それを自治体でも踏襲していることが分かる．なお，自治体の総合計画の位置付けを一律に決めることはできないが，実効性が高く分野横断的で有機的に連携した総合計画を，自治体がしっかりと持って活用することが，国土強靭化計画との関係においても必要といえるだろう．

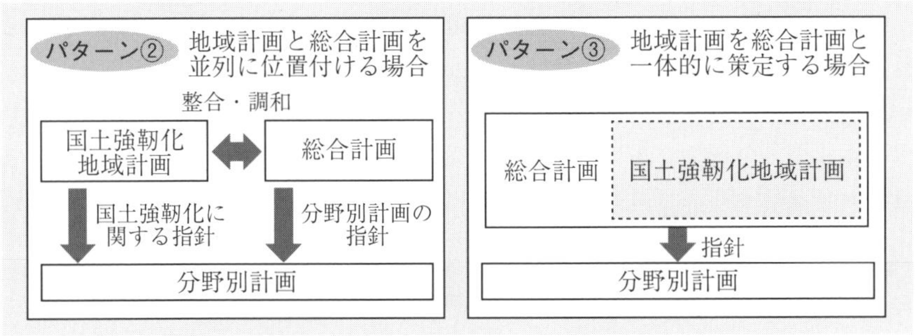


**図 3.6***　国土強靭化計画の地方自治体における位置付けのパターン

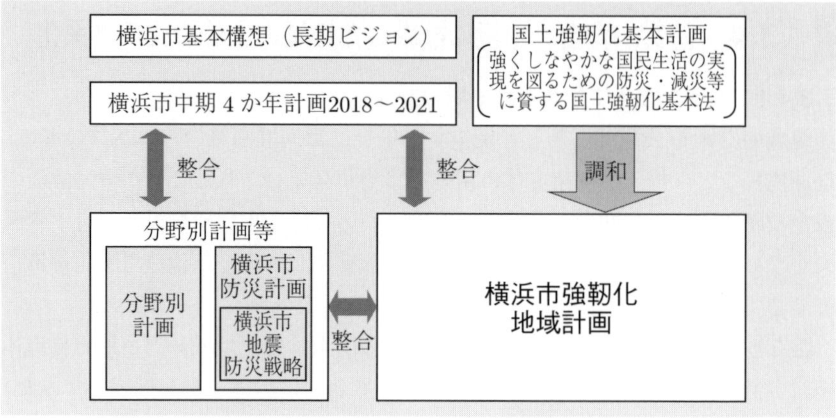


**図 3.7***　国土強靭化計画と総合計画との関係例
（横浜市ホームページ：横浜市強靭化地域計画，2019.3，p.3.）

### 3.4.2　持続性アセスメントを内包する地域の計画体系

一方，地球温暖化対策，気候変動への適応などグローバルな社会課題に対して，地域ごとに取り組むことの必要性についても，大いに検討が必要である．一人が努力しても意味がないという考えに対して，それぞれの地域が目標を共有して取り組むことの大切さも広く指摘される．本書では後にディレンマ問題として扱うこの種の課題に対して計画体系として形を整えて，継続的な努力を行うことが重要と考えている．

たとえば，政府が温室効果ガス 25% 削減の国際公約を掲げた時期に，**図 3.8** に示すような地域計画の体系的フレームが土木学会や日本都市計画学会，あるいは環境省の審議会から提案されている．持続可能性という現代社会共通の方向性を防災，環境，社会，経済の４つの分野に分けて事前評価することで，地域として継続的に取り組むべき目標と手段を市民や住民と共有しながら進める計画の枠組みであった．

このような考え方は英国や米国の地域計画に従来からみられるものであり，目新しいものとは言えないが，我が国のその後の計画づくりにおいて同様な方向性で進んでいる姿を垣間見ることは可能である．たとえば，第５次環境基本計画では，各地域が自立・分散型の社会を形成し，自然資源を含む地域資源等を補完し支え合う「地域循環共生圏」の創造を目指すとされ，新たな地域づくりが環境面から示されている．また，水循環基本法が制定され，「流域水循環計画」によって，流域圏や流域管理という面で，防災，環境，治水などを含めた流域単位の地域づくりを一層進めるための枠組みも強化されている．

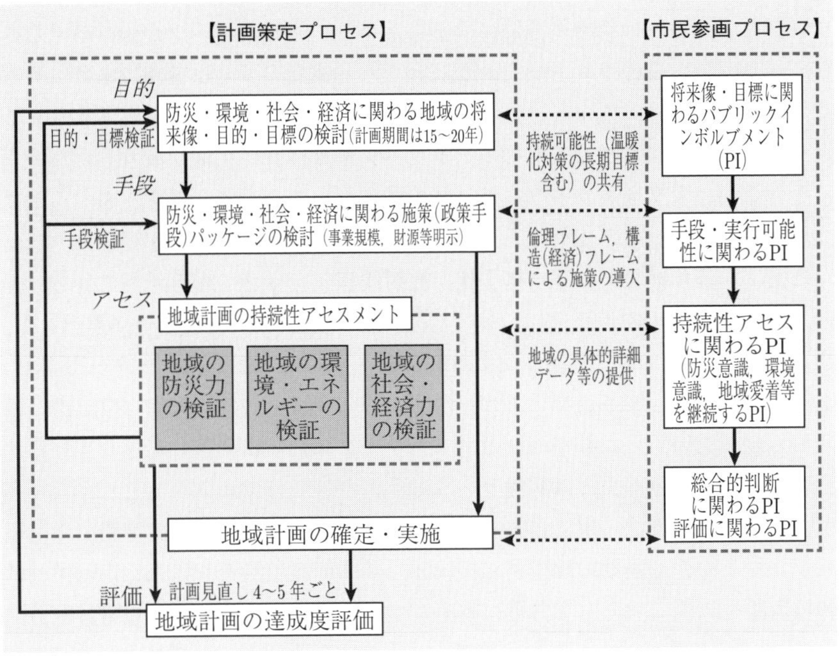


**図 3.8**　持続性アセスメントを伴う地域計画の枠組み

## 3.5　ネットワーク計画と概略計画の組合せ体系

### 3.5.1　ネットワークの基礎知識

鉄道網や道路網，電力，通信，ガスのネットワーク，上水道や下水道のネットワークなど，我々の都市や地域には実に数多くのネットワークが張りめぐらされている．これらのネットワークが収容される空間の多くは道路であり，道路空間が担う役割は，人やモノの移動を支えるネットワークに留まらず大きなことが分かる．これら社会基盤のネットワークがなければ生活が成り立たない．

そのなかでも交通ネットワークは歴史的に都市の形態や発展を左右する重要なインフラであったことから，ネットワーク形態に関する幾つかの整理がある．たとえば，道路網であれば，**格子状**と**放射環状**という2つが意識的に作られてきた．近代の都市内道路網については既に**第2章**でその経緯を一部解説した．また，鉄道網についても地下鉄ネットワークとして，過去にペーターゼン型，ターナー型等が提案されているが，必ずしも実在都市の鉄道ネットワークとは既に整合しないし，大都市の鉄道ネットワークは個々に複雑に発達している．

一方，ネットワークの**階層性**という考え方が一般に考えられてきた．たとえば，道路網であれば，車で自宅をでると最初に走行するのが**地先道路**（生活道路）で，その先で**補助幹線道路**に接続し，補助幹線道路をしばらく走行すれば**幹線道路**に入れる．そしてさらに進めばインターチェンジから高規格幹線道路（高速道路）に乗れるといった階層性が，都市内の生活道路から都市間の高速道路まで構築されている．それによって利用者は安心して目的地に向かうことができる．また鉄道であれば，都市内のバス，ライトレールや新交通システム，地下鉄，中距離鉄道，そして新幹線鉄道へと乗り継ぐことで他都市の目的地に向かうことが容易な階層的なネットワークが概ね形成されている．このような階層性は電力・通信・ガスのネットワークや上下水道のネットワークなど，いずれの社会基盤施設にも一定程度は存在すると言って良いだろう．

### 3.5.2　土木施設とネットワーク計画

土木の施設（空港，港湾，発電所，ダム等）は点として存在するが，それはネットワークの一部として機能している．道路，鉄道，航空，海運などのターミナル施設はネットワークの一部としての典型例であるし，ネットワークとしてはそれら以外にも，上水道，下水道，発電から送配電に至る電力，通信，河川網に至るまで，また民間が提供する物流ネットワーク（宅配等）やバス路線網まで様々な土木関連のネットワークが存在する．人，モノ，エネルギー，情報，水などはすべてネットワークとして供給されているということができる．このような様々なネットワークの計画，整備，維持管理，更新などは重要な土木計画の分野ともいえよう．

さて，このような社会のネットワークを最適にデザインすることも土木計画の課題である．たとえば，開発途上国でエネルギー関係のプラントを新設する場合を例にして考えてみると，その場合，その施設内のインフラネットワークなどは最適化と呼べるようなデザインが可能な対象であろう．一方，歴史を持つ実際の都市のインフラネットワークは，長く維持管理された社会基盤施設であり，整備年次によって規格や寿命が異なり，財源制約等もあって容易に交換することもできず，また災害に備えた冗長性等も必要なことから，ほぼ恒久的に最適ネットワークと呼べる状態は作れない．

しかし，それでも都市で長期間活用される土木施設のネットワークを，如何に効率的に維持管理してサービス供給を継続するか，あるいはサービス水準を改善するかという点では，条件付きの部分最適な政策や計画の検討ではあるものの，それらに取り組む必要性は極めて高くなっている．

### 3.5.3　交通分野のネットワークの実際

具体的な交通分野のネットワークおよび**ネットワーク計画**について若干解説しておく．まず，我が国の国土を貫く新幹線鉄道と国土幹線自動車国道のネットワークについては，以前は国土開発計画を上位計画とするネットワーク計画であったが，現在では単独でマスタープランとしての有効性を持ち続けており，ネットワーク計画そのものが最上位の計画と考えることができる．東京一極集中の是正が進まず，大災害が続発する深刻な社会の背景があり，高速鉄道と高速道路という国土の根幹的な社会基盤が，過去に紆余曲折はあるもののマスタープラン型の長期計画として長期間に亘って社会で妥当性を有し，その計画のもとで整備が進められている．稀有な例ともいえる．

一方，都市内の鉄道や道路網の計画については，各自治体の基本計画などに位置付けられたネットワーク計画が存在する．ただ，地方自治体の基本計画自体の法的根拠がなくなっていることから，その体系は必ずしも強固とはいえない．たとえば，首都高速道路の横浜環状北西線については，横浜市の基本計画に位置付けられた計画として概略計画（構想段階）の検討が行われた．自治体の上位計画における位置付けが無ければ検討開始のハードルがより高かったと推察される．

計画体系におけるネットワーク計画の位置付けは，①上位計画の目的達成の「手段」であり，②ネットワークを構成する各区間の計画の「必要性の根拠」となる計画でもある．そのためネットワーク計画が最上位に置かれた場合，ネットワーク形成を手段とする計画の最終目的が同時に示される必要がある．

なお，交通社会基盤のネットワーク計画には，航空交通路を支える航空路や航空管制システムによるネットワークの計画，既存の道路空間を活用することの多い自転車通行ネットワークの計画など，鉄道や道路以外にも様々な対象が含まれる．自転車ネットワークについては，特に近年，各国で着目され計画的な整備が進んでいる．その背景は，① $CO_2$ を排出しない環境に優しい移動手段であり，②健康面での利点が認められ，③既存の道路空間再配分によって比較的容易に走行空間を生み出せることなどがある．

また，交通サービスのネットワークとして，都市内や都市間のバス旅客輸送のネットワーク，国際線，国内線，貨物便などの航空輸送ネットワーク，国際から都市間，都市内に至る物流ネットワーク等が社会基盤施設の上に展開されている．特に，航空輸送ネットワークでは，規制緩和に伴う競争条件の激化がネットワーク形態を変化させてきた．航空会社がすみ分けられた時代のネットワークは規制緩和によって**ハブアンドスポーク**型のネットワークに変化したが，**ポイントツーポイント**の**格安航空会社**によるネットワーク展開が加わることで，世界の大空港のみならず，各都市の複数空港を起点とする航空需要が大いに喚起され旅行者数を増加させてきた．

2020年に発生したコロナウイルスによる世界規模のパンデミックは，国際国内を問わず交通サービスのありかたを根底から覆す事態を引き起こし，交通サービスにも変革を求める状況を生じさせているが，既存の社会インフラの上に展開される交通ネットワークは，環境変化に応じて比較的速やかに改変が可能という特徴を有する．

### 3.5.4　ネットワーク計画を上位計画にもつ構想段階の重要性

さて，ネットワーク計画を上位計画とする施設の計画について，交通を対象に考えてみる．施設にはネットワーク上のリンクとノードが対応するが，リンクには，交通路である道路や自転車道，鉄軌道，航空路などが対応し，ノードには高速道路のジャンクションやインターチェンジ，サービスエリア，道の駅，鉄道駅，駅前広場，高速バスターミナル，空港，港湾などが対応する．

**図 3.5** に示された**概略計画**（**構想段階**）とは，ネットワーク計画を上位計画とする計画であるが，上記の例でいえば，ネットワーク上のリンクである交通路のルートや規模，あるいはノードに相当する空港，駅，インターチェンジなどの施設の位置や規模を検討する段階ということができる．この段階の計画検討は過去には計画策定主体の内部で行われてきた技術色の強い検討行為であった．この段階が内部で精緻な技術検討にもとづいて進められた後に，都市計画段階などの説明会で比較的解像度の高い図面と共に公開され，「突然，事業が空から降ってきた」との印象を沿道住民などに与えた時代があった．その反省から，構想段階をオープンにして市民参画を伴う進め方に変化させる取り組みが世界各地で行われるようになった．構想段階を進めるためには当該施設の必要性をネットワーク計画に照らして合理的に説明する必要があり，ネットワーク計画と構想段階計画の両者が共に示されていることが極めて重要である．

我が国も 2000 年代に入って様々な努力の後，市民参画をともなう計画づくりについて制度構築を図ってきた．計画制度と事業制度の詳細については，[11] を参照されたい．具体的な事例として，**第 7 章**の後半では，国交省の市民参画型計画プロセスのガイドラインのほかに，横浜環状北西線（道路）や那覇空港拡張計画（空港）といった国の計画，宮古市地区復興計画（区画整理）や沖縄県鉄軌道計画などの地方自治体の計画検討事例などを解説する．

特に概略計画（構想段階）がコミュニケーションを伴い丁寧に実施されるようになったことから，以前に発生していた市民や住民等との対立の構図が緩和され，地域に納得され受け入れられる計画の作り方も登場するようになってきた．それらは計画体系に位置付けられているからこそ成立するといえよう．

### ◆◆本章のまとめ◆◆

本章は計画の体系を解説したものである．我が国の土木計画に関連した分野の計画の全体像を伝えることから始め，外国の地域交通計画の位置付けをもとに長期計画と短期計画との関係などを理解した後，我が国の地方自治体の計画体系を俯瞰的に概観した．公共事業などが上位計画の位置付けのもとで進められることを学び，その上位計画については多くの性質があって必ずしも一律のものではないことも理解した．上位計画から計画実施に至る体系が評価方法と共に示され，特に交通分野では上位計画としてネットワーク計画の重要性が明らかになった．国土強靭化や持続可能性等の計画の枠組みや，ネットワーク計画と事業計画とをつなぐ構想段階の計画の重要性等も理解した．

## 3 章の問題

□ **3.1**　次の各問いに答えよ．

(1)　計画の体系が何故必要か理由を述べよ．

(2)　上位計画の 10 種類の性質に当てはまる実在の計画を挙げてみよ．

□ **3.2**　自分が住む市町村の計画にどのようなものがあるのかを調べて，**図 3.3** を参考に総合計画，都市分野，環境分野，防災分野，交通分野等を含む体系図を作成してみよ．

# 第4章

# 計画の哲学

土木計画学の理論を計画の哲学として解説する．計画の決め方のなかで特に投票方式の性質やその限界を理解した上，計画を真偽，正邪，善悪等に分けて検討することの重要性を知り，広義の正と狭義の正との両者を考慮した計画検討の枠組みについて理解する．

## 4.1　土木計画の決め方

前章までに学んだように，土木と環境の計画対象は幅広く，我々の生活全般に及ぶと考えられる．そのような広範囲にわたる計画を誰がどのように決めるのだろうか．あるいはどのように決めることが望ましいのだろうか．そして，計画を決めればその事業は実現できるのだろうか．特に，国民，市民，利用者などの共助や協働の取組みが重要さを増しているという．そのような計画に対して，当事者である国民や市民はどのような関わりを持つべきだろうか．

あるいは，近年の大災害や気候変動に関わる問題など，防災，安全，環境の取組みに対して，どれほど優先度高く進めれば良いのだろうか．本章では，このような今後の計画づくりに対する基本的な考え方を，これからの計画の哲学として学ぶことになる．

### 4.1.1　公共ディレンマへの対応

幾つもの価値が並立した社会の状況では，仮に皆が環境問題に対処しようと考えたとしても，個々人がそれぞれに勝手な取り組みを行うことで，結果として社会全体では効果が発揮されない可能性が指摘される．典型的な例として，**第2章**で示した**公共ディレンマ**型の環境問題が挙げられる．公共ディレンマの解消に努力しても，異質性の存在がその効果を失わせることも指摘されている．

現代の都市や地域では，人々の持つ異なる様々な価値の存在を前提にして**合意形成**に向き合い，最終的に社会や地域として何らかの決定を下す必要がある．その決定のためには，決定に至る手続きの正当性と決定内容の正当性との両方の確保が極めて重要な役割を果たすことになるだろう．

現代社会において手続き的正義が相対的に重要視されてきたが，公共ディレンマ状況ではそれだけで十分な対応とはならないだろう．価値観の異なる人々の間で如何にして社会的な合意形成を図り決断するのかが大きな論点である．ここで，**社会的合意形成**とは，地域的な合意形成や国民的な合意形成なども含み，合意の対象とする事柄の及ぼす効果と影響の範囲が広く社会にわたる条件のもとで，当該計画や事業を決定する際の合意形成と考えることができる．当該の決定行為を行うための必要条件と捉えられるが，直接全員の同意を得ることが想定されることはほとんどない．それはそのこと自体が困難なためであるが，決定時に社会の大多数の人々が納得して受容していることを確認できれば，そのことで社会的な合意形成が成り立っているとみなすことが現実的である．そのため，決定の前から十分なコミュニケーションを行って様々な異なる意見に向き合うことが重要になる．

社会的合意形成の確認手段として住民投票が行われることもあるが，それが常に最善とは考えにくいことが本章を通じて理解できるだろう．公共ディレンマをもたらす原因として，多様な価値の存在が想定できるが，社会の共通の利益実現のために協働で取り組むことがどうすれば可能になるのか等について，無理だと諦めずに答えを見つける努力がこれからは一層必要になると考える．

### 4.1.2　決定の方式について

それでは計画を決める際の判断材料について考えてみよう．たとえば，①計画の効果や影響に関する計算結果，②専門家集団などによる助言や提言，③計画に関わる様々な人々からの意見，④市民など一般の人々との対話やアンケートなどを通して得られた知見，などが考えられる．これらは計画主体の立場で示したものであるが，計画主体としてどのような判断材料を持つ必要があるのか改めて考えてみたい．

トムソンとチューデンが組織の決定において，目的が共有されているか否か，目的達成のための手段と目的との因果関係が明白であるか，あるいは不確実性が高いかに分けて決定方法を示している[1]．**表 4.1** に示したように，目的が共有されず手段が不確実な場合に組織が直観に頼る可能性が指摘されている．公共計画の場面では，複数の価値が並立している場合も多く，市民などにとって目的の共有が進んでいない場合も少なくない．また，手段の選択についても，手段の選好には個人差があり，手段の及ぼす効果も不確実性を伴うので，必ずしも明確という状況ではないだろう．組織内であればリーダーの直観に陥る状況であるかもしれないが，公共計画の場面では混沌に陥るかもしれない．そう

**表 4.1**　目的手段の明確さと組織における決定の根拠

| 手段<br>目的 | 目的達成の<br>不確実性低い | 目的達成の<br>不確実性高い |
|---|---|---|
| 共有されている | 計算 | 判定 |
| 共有されていない | 妥協 | 直観または混沌 |

ならないように対応するには，どうすれば良いだろうか．この論点が本章の主要なテーマである．

なお，ここで深刻な問題はおそらく直観や混沌に陥ることだけではない．目的が共有されていないにも拘わらず，①による計算や②による判定で決めようとすることの方が問題ではないだろうか．目的が共有されていないことを理解したとしても，手段と目的との因果関係の不確実性を軽視することや，③や④の一部の主体，たとえば政治的圧力や声の大きな人の意見等に対して安易に妥協して物事を決してしまうことも慎まなければならないだろう．

### 4.1.3 直観と遅い思考による判断

カーネマンは人間の判断や選択が行われる際の思考方法を考察したが，人間が直観を思い浮かべず，合理的で遅い思考によって判断を形成する場合よりも，直観的な判断が想起され，それが遅い思考によって承認される場合の方が圧倒的に多いことを示している．しかも，人間の直観はかなりあてにならないと評している．

計画策定の場面を想定した場合，人間には直観に頼る傾向があるとしても，①目標の共有を図る努力を行い，②手段選択が不確実性を持つとしても，適切な「判定」に至るための条件を整えて社会が選択するための「決め方の原則やルール」が存在するのではないかと考えてみることはできる．

現実の社会では，事前の手続きが十分とは言えないまま，住民投票などの機運が高まることで賛否を直接問う方向に向かう不幸ともいえる事例が散見される．情報提供や対話機会が不十分なら人々は益々直観に頼らざるをえないだろう．地域の重要な公共計画に関わる判断を直観に頼った住民投票に求める状況は不幸と言わざるを得ない．

我々が皆，直観に頼りがちであったとしても，順序立てて物事を理解することができれば，判定結果への納得も高まり，より良い選択をしたと多くの人々が思える計画を確定することができるのではないだろうか．本章ではまず決定方式としての投票に着目して，物事を決する場合に活用する投票方式の性質と限界とを概ね理解しておくことから始めたい．そして，その限界を理解した上で，どのような決定方式に向かうことが望ましいといえるのか，その点に踏みだすことが本章の中心課題となる．

## 4.2　投票による決定の条件

皆で何か決めるとき，誰ともなしに投票しようと声が上がり，反対もなく投票して決めた経験があるだろう．投票で決した後は，その決め方に異議を唱えることは潔くないと考え，黙って結果を受け入れることも多い．直観で投票することを要求される機会は少ないだろうが，よく知らずに投票することは意外に多いのではないだろうか．果たしてそれで良かったかと，もしそう感じるなら，そう感じる理由を明確に知っておくことには意味があるだろう．まず，この点を学ぼう．

### 4.2.1　選好関係の表現

最初に投票行為のもとになる選好データについて考えてみる．それは好悪，すなわち好き嫌いを直接表明するデータである．ミクロ経済学の分野などでも消費者行動の動機は効用最大化にあると考えるが，効用が具体的に計測できない代わりに，財やサービスの選好なら比較的容易に観測できることから，選好データは行動データと共に色々な場面で活用されてきた．たとえば，土木計画学分野では，旅行者の移動手段の選好等のデータは広く交通需要予測モデル等の構築に活用されている．

そして，そのような人々の選好データを社会的選択に利用することも可能であるが，幾つかの論点が存在する．確かに選好を計測することは効用を計測することよりも容易に見える．人々が安定して完全な選好順位を持っているなら，選好データを活用すれば集団や社会における選好順位を集計することは可能である．しかし，実際のところ我々の選好順位は結構不安定で変化しやすい．したがって，どのようにして人々の選好を抽出し，社会の選好関係を明らかにするのかということは，実は意外に難しい課題である．

ただ，選好関係の表現はいたって簡単である．$\mathrm{A} \succ \mathrm{B}$ であれば A を B よりも好むとし，$\mathrm{A} \sim \mathrm{B}$ なら A と B は無差別とする．ある集合 A の二値関係 $\succsim$ は，その要素（$\mathrm{X}, \mathrm{Y}, \mathrm{Z}$）について推移律（$\mathrm{X} \succsim \mathrm{Y} \succsim \mathrm{Z} \rightarrow \mathrm{X} \succsim \mathrm{Z}$），反射律（$\mathrm{X} \succsim \mathrm{X}$），完全律（$\mathrm{X} \succsim \mathrm{Y}$ または $\mathrm{Y} \succsim \mathrm{X}$），反対称律（$\mathrm{X} \succsim \mathrm{Y}$ かつ $\mathrm{Y} \succsim \mathrm{X} \rightarrow \mathrm{X} \sim \mathrm{Y}$）を満たす．

### 4.2.2　各種の投票方式について

選好を集計するための投票方式には多数決，単記投票，決選投票，範囲投票，認定投票などがある．それぞれ簡単に説明しておこう．ここで紹介する投票方式は**図 4.1** に列挙したものである．

①**多数決**（マジョリティボート）：別名**コンドルセ方式**とも呼ばれ，強いもの勝ちの「他を制する力」が求められる場合に最適な方式であり，二者択一の総当たりで完全勝者を選び出す方式である．仮に 3 つのオプション（A, B, C）があって，A が B に勝ち，同時に A が C に勝つとき，A は多数決方式による完全な勝者である（$A \succ B \succ C$ または $A \succ C \succ B$）．コンドルセは，すべての他者との対決で過半数を集める候補者が最高の勝者であると考えた．この決定方式は，**コンドルセ基準**と呼ばれる．なお，A が B に勝ち，B が C に勝つが，C が A に勝つ場合もある（$A \succ B$ かつ $B \succ C$ かつ $C \succ A$）．この場合，完全勝者は存在せず，$A \succ B \succ C \succ A$ なる**循環順序**が発生している．これをコンドルセのパラドックスという．

②**単記投票**（プルラリティボート）：他のものと異なる特別のものを選び出す，適者選別方式と考えられている．複数のなかから 1 つだけを記載する投票であることから，相対的多数決やシングルバロットなどともいわれる．日本の知事や市町村長の選挙や議員選挙はこの方式である．

③**決選投票**（ランオフボート）：これには 2 ラウンド方式といって，単記投票を行い，過半数を占めるものがないときに上位 2 者の多数決を行う

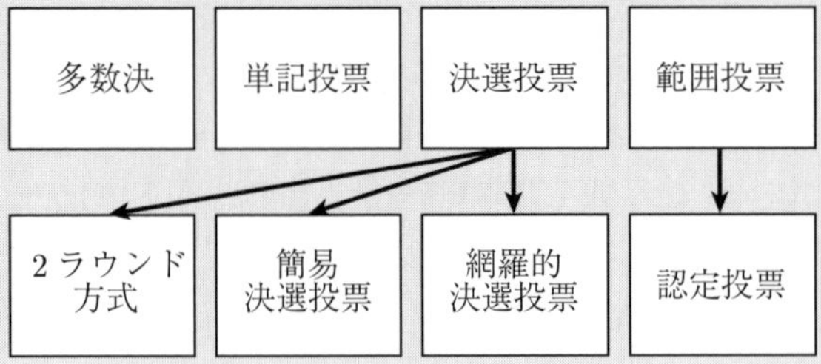


**図 4.1**　代表的な投票方式の一覧

方式や，**簡易決選投票**（インスタントランオフボートあるいはランクドチョイスボート）といって選好順位を用いた1ラウンドの決選投票方式がある．後者の方式は投票者の選好順位データをもとに計算によって勝者を算定するもので，たとえば，米国サンフランシスコ市で2011年に実施された市長選挙においては，16名の候補者の上位3位までの候補者名を記載する方法で実施されている．さらに**網羅的決選投票**といってオリンピック開催地の決定等に用いられる方式もある．これは得票数の最下位のものを1つずつ消去しながら単記投票を繰り返して勝者を絞り込む方式である．

④**範囲投票**（レンジボート）：これは**ボルダ方式**などと呼ばれ，最上位から最下位まで点数を付けて集計する投票方法である．持ち点10点を候補者に自由に配分する方式，あるいはボルダ方式では最下位0点，最下位より1つ上に1点ずつ加える方式などがある．八方美人的なものを選ぶ場合や無難で敵のいないもの，これといって難点のない全体的に良いものを選出したい場合に適する方式とされる．

⑤**認定投票**（アプルーバルボート）：範囲投票の特殊形とみなせるが，認定できるものに1，認定できないものに0を割り当てる投票方式であり，最高裁判事の投票等，最適集団の選別に適するとされる．

### 4.2.3　投票のパラドックス

各々の投票方式には一長一短がある．たとえば，多数決に対して**コンドルセのパラドックス**がある．これは多数決を循環順序が想定される場合に用いると，投票の順序次第で恣意的な結果を得ることも可能という特徴として知られている．[3]でも紹介されているが，この特徴を利用したとされる事例が1955年の米国上院における法案審議において記録されている．

当時の米国では，**2.1節**で紹介した州際高速道路網を全国に展開するための法案づくりが進められていた．国の成長を支える最重要なインフラストラクチャの整備そのものに当時反対は少ないが，建設上の条件に関して政党間や地域間で利害が対立していたとされる．民主党のゴア議員が提出したY案（原案：新たな高速道路建設予算案）に対して労働者賃金を国が査定するという修正条項を共和党政府が加えたX案（修正案：Y案＋労働者賃金を国が査定）という2つの案があり，これに加えてZ案（現状案：現状維持で新たな予算案を否とする案）があった．

ファーカーソンによって後日推察された選好順位は以下のようになっている．すなわち，

A: 北部民主党　$X \succ Y \succ Z$

B: 南部民主党　$Y \succ Z \succ X$

C: 共和党　$Z \succ X \succ Y$

これによれば，法案を提出した民主党は道路建設案に賛成だが，北部民主党は労働賃金の査定を必要と考えているのに対して，南部民主党はそれに反対している．一方，共和党は民主党案に反対しているが，建設するなら労働賃金の査定も必要と考えているという図式である．ここで，A, B, Cの勢力が同程度であれば循環順序の発生が想定される状況であった．もし，そうだとして，仮に2度の多数決で勝者を決定できるなら，2度目の投票で初めて出した案，すなわち後出し案が採択されることになる．それが循環順序の特徴である．共和党がこのことを良く知っていれば，現状案（廃案）か修正案に導くことが容易であったと考えられる．

ところが実際は，民主党リーダーのリンドン ジョンソンが，X案（修正案）かZ案（現状案）かの投票を要請して採決に入った．その結果，修正案に反対する民主党に現状案を支持する共和党の一部が加わり60対31で修正案は棄却された．なお，民主党の全議員が修正案に反対するように要請されていたため，ファーガソンが推察した順位通りの投票にはなっていないようではある．

これで現状案に収まるかといえば，Y案（原案）がまだ残っている．そこで改めて法案を再提出に差し戻して良いかの投票を行った．すなわち，差し戻し（現状案）で良いか原案とするかが採決にかけられることになった．その結果，民主党全員に一部の共和党の賛成が加わり，50対39で原案が採択されたという．

ところで，ジョンソンとゴアは共に南部民主党であり，労働賃金を国が査定することに反対する立場からこのような投票順序を考えたのではないかと推察されている．もし，3度目の投票を行い，既に棄却されたX案とY案とを念のため投票にかければ，棄却されたはずのX案が勝者となることが想像され

る．近年の政治でこのような事例は報告されていないが，後出し必勝の循環順序が予想される場合に多数決を行うなら，すべての組合せで実施することで完全勝者であるか否かの確認が必要になる．ちなみに最初の投票で，民主党からたった 1 人修正案に投票した議員がいた．それが次期大統領の J. F. ケネディであったことから，労働者の最低賃金保障はその後遅からず導入されたのではないかと推察される．

以上からも投票方式を変えれば選ばれる勝者が変わることは容易に想像できるが，ナーミはその違いが極めて大きな選好順序の例を探し出した．9 人が 5 つの選択肢から選ぶ特殊な場合である．選好順序として，

$A \succ E \succ D \succ C \succ B$ が 4 人

$B \succ C \succ E \succ D \succ A$ が 3 人

$C \succ D \succ E \succ B \succ A$ は 2 人

であったとしよう．このとき，短期投票では A が勝者，決選投票では B が勝者，多数決では C が勝者，ボルダ方式では E が勝者，そして認定投票では D が勝者となる条件がありえるという．これは特殊な例だが投票方式で勝者が異なることを十分に認識すべきといえよう．

2012 年のオリンピックでロンドンが選ばれた際の投票では，決選投票方式の第 3 ラウンドで 1 名が記載すべき都市を書き間違えたために，開催地がマドリードになるべきところロンドンになったとのニュースが流れた．不確かな情報ではあるが，実際にそのような選好関係を類推してみせることは可能である．第 3 ラウンドは一部の投票者にとって，既に選好順位の高い候補地が消え去った後の選好順位の低い候補地間の投票である．そのため投票が不安定であっても何らおかしくはない．ただ，そのことで最終的な候補地が容易に影響されるなら，なんとも不安定な決め方をしているといわざるを得ない．このように投票方式には弱点があることを知っておくことは有益である．

### 4.2.4　コンドルセの陪審定理

さて，本節で何度か登場するコンドルセであるが，彼は**陪審定理**なるものを提起している．これは投票によって物事を決する際に，より多く人による投票がなされれば，正しい判断がなされる確率が高まることを示唆している．そのため，投票の正当性を示す根拠になっているが，正確な理解を要する定理とい

える．それはどういうことであろうか．以下に説明しよう．

コンドルセの陪審定理では，投票の参加者全員が「正しい物事を選択できる確率が0.5以上」を有するという仮定が必要になる．この条件が成立するならば，参加人数が増えるほど，正しい物事が選ばれる確率が1に近づくとされる．各人の確率が0.5以上であるから，人数が増えれば同時確率が1に収束しそうなことは容易に想像できるが，個々の投票者が独立に投票することが前提であり，投票対象は二者択一が原則となる．

ちなみに，各人が正しい判断をする確率を $p$（$p > 0.5$）とすると，3人の場合に2人以上が正しい判断をする確率 $P$ は，

$$P = p^3 + 3(1-p)p^2 > 0.5$$

となる．5人の場合に3人以上が正しい判断をする確率は同様に，

$$P = p^5 + 5p^4(1-p) + 10p^3(1-p)^2 > 0.5$$

となるが，人数が多いほど $P$ の値は1に近づくことが分かる．

ここでは「正しい物事」が前提として存在し，それを選ぶ投票が行われたとして，どちらが正しいかを個々人が独立に判断できる場合が想定されている．そして何より，どちらが「正しいか」を0.5以上の確率で個々人が知っていることが前提である．そうであれば，投票者が多くなればなるほど，「正しくない」，誤った選択がなされる可能性が小さくなるということである．

後述するが「手続き正義」のような正邪の問題を，市民が自ら考えて判断できるような条件が整うなら，より多くの市民が判断に加わる機会を設けることで，正義にかなう方法を社会に定着させることが可能であろう．ただし，善悪・好悪・美醜のような個人の価値が表明される事柄について，より多くの人々による多数決を行っても，多数派の価値を選択することに留まる．すなわち，その場合は陪審定理が適用可能な「1つしかない正しさ」が対象になっていないこと，言い換えれば陪審定理が成立しないことに注意が必要である．

### 4.2.5 投票方式の課題と限界

さて，アローは社会が2人以上の構成員からなり，少なくとも3つ以上の選択肢がある場合に，民主的決定の持つべき幾つかの条件を満たす社会的厚生関数が存在しないことを難解な証明によって示した．これは**アローの不可能性定理**と呼ばれる．以下に簡単に説明しよう．

まず，社会を構成する人々の選好順位を何らの方法で集計して社会全体の選好順序付けに変換した関数と仮定した**社会的厚生関数** $D$ を以下で表す．

$$D = f(D_1, D_2, D_3, \ldots)$$

ここで $N$ を構成員の数，$D_i$ は社会の構成員 $i$（$i = 1, \ldots, N$）の順序付けである．本定理には例外が存在して，それは選択肢が 2 つの場合に多数決で決定する方式である．その場合に限り，民主的な決定方式ということができるが，選択肢が 3 つ以上ある計画策定などの場面においては，仮に社会の構成員全員の選好順位を正確に得られたとしても，その完全なデータを用いて社会の順序付けを無矛盾で導き出すことができないということになる．

アローの提示した民主的決定の持つべき幾つかの条件とは，具体的には以下の①から④で表される．①各投票者は合理的な選好集合（推移律等を満たす）を有する．②もし，各投票者が A を B より好むなら，その集団も A を B より好む．③もし，各投票者が A を B より好むなら，この関係に影響しない選好の変更は，A を B より好むと言う集団の選好に影響を及ぼさないはずである．④独裁者は存在しない．

アローの不可能性定理は 3 つ以上の選択肢がある場合に，循環順序の発生によって，上記の 4 つの条件を同時に満たすことができない場合が存在することを示している．最初の 3 つの条件を満たす決定方式が④の独裁者を導く可能性すらあるとされる．これは示された当時，衝撃的な定理とその証明であったという．完璧な投票方式がこの世に存在しないということが明白になった訳であるから，そのことは想像できるが，一方で解決の困難な社会問題が数多く発生してきた時代背景もあり，その後はさほど大きな注目を集めていないように見える．

おそらく，土木と環境の計画において重要なことは，人々の選好を何らかの単純な方法で集計するなら，社会的な決定として適切でない場合が起こり得るという理解をしておくことであろう．いつの時代にもいえることだが，これからの社会で納得できる決め方を，どのような原則によって確立させるべきかを考えることが一層重要であろう．

### 4.2.6 本節のおわりに

以上，本節では投票による決定の条件について考えてきたが，これを社会における決定の方法として利用する際の課題についてまとめておこう．

①個人の選好は必ずしも自己完結的ではなく環境や状況で変化する．したがって，選好や行動を左右する要因を理解し分析する必要があろう．

②異なる投票方式は異なる勝者を導く可能性がある．したがって，誰が選ばれたかという結果ではなく，どのように選ぶべきかという，手続きに一層の関心を持つべきである．

③個人の選好から社会の選好を導く完全な方法は存在しない．したがって，手続き問題に踏み込んで社会が納得する方法を確立するほかないだろう．また同時に，社会にとって重要な目的と達成手段，価値の選択に一層の関心を持つべきであろう．

④社会における投票は最終段階で用いるべきだろう．その段階に至るまでに，十分なコミュニケーションが行われたかに関心を持つべきであり．安易な投票が十分な知識のないまま行われれば，誤った方向を選ばせることがあるだろう．

住民投票は民主主義における決定の方法や住民の意思確認の方法としてしばしば利用される．近年では英国における EU 離脱をめぐる国民投票なども大いに話題になった．**4.1 節**にて述べたように，公共事業等への反対場面で住民投票を要求する声もある．行政側がもっと丁寧に説明していれば良かったのにと思う事例も少なくないが，住民側にとっても，他にすべがなく住民投票に向かうことは不幸な状況である．

本節で理解したように，①投票方式自体の問題，②投票する人々の知識や理解度の問題があり，投票に至る前に如何に多くの人々に誤りのないより正確な理解をしてもらうかが一層重要なことである．価値多元社会である現在，投票によって選ぶこと自体の是非を考えてみる必要もあるだろう．

## 4.3 計画に関わる価値の体系

前節で説明した選好（プリファレンス）を用いれば，好悪のみならず，善悪・美醜・聖俗等の様々な個人の価値について，それらを選択肢間の相対的な大小関係で表現することができるだろう．ただし，それを社会で集計する厚生関数として完璧な形式が存在しないことは，既にアローの不可能性定理によって証明されていることも分かった．

一方，計画を判断するために我々が考慮すべき視座として，これら以外にも正邪や真偽などがある．このような様々な基準や価値，特に社会における価値，それに対応する個人の価値等についてここで改めて整理してみよう．

### 4.3.1 価値の絶対主義と相対主義

社会の価値を考える上で，価値に関する2つの立場を紹介する．1つは**価値絶対主義**と呼ばれ，正義を含む価値についての判断が個人の主観的な判断を超える何らか客観的なものであるという立場である．もう1つは**価値相対主義**と呼ばれ，事実と価値の**方法二元論**に立てば事実に関する知識を如何に蓄えてもどの価値を選択するべきかという問題に客観的に正しい答えを出せず，価値の選択は個人の主観的決断による，という立場である．なお，価値相対主義は，「正義の問題は学問として追及できない」とする学問的な立場に過ぎないともいわれる．

実際，フランケナは価値相対主義の3つの学問的立場を示しており，田中によれば，①人々や社会が異なれば基本的な倫理的信念も異なり相容れないことすらあると主張する記述的相対主義，②基本的な倫理的判断の一方を他者に対して正当化する客観的で合理的な方法は全く無いから，2つの相容れない基本的判断は等しく妥当であり得ると主張するメタ倫理的相対主義，③ある個人・社会にとって正ないし善であるものも他の個人・社会にとってはそうではないという倫理的原理を提唱する規範的相対主義の3つを挙げている[5]．

これに対して，法哲学者のケルゼンは，「価値相対主義の立場について，道徳的諸原則が相対的価値のみを有するという見解はそれらが何らの価値をも有しないとなすものではなく，その見解はただ1つの道徳体系だけではなく，多くの異なった道徳体系が存在すること，したがってその間に選択がなされなければならないことを主張する．そのため，価値相対主義は各個人に自ら何が正義であり，何が不正であるかを決するという困難な任務を課す」としている．

ここで社会や人々が絶対主義と相対主義のどちらを信奉すべきかを論じても意味はないだろう．ただ，相対化が進んでいると考える方が現実的であり，かつ，生物多様性，地球温暖化対策，防災，安全，国際競争力，経済・活力，生活，文化・伝統等々，様々な領域で将来に配慮することが求められている．したがって，我々の社会が目指す将来の方向を「計画」という枠組みに基づいて切り拓く現代社会の体制を維持する限りは，現実社会で価値が相対化していることを認めたとしても，常に将来の方向について一定の共有を図る努力が必要であり続けるだろう．

### 4.3.2　真・正・善の区別

我々が世の中で価値判断を行う場合に関わる概念には，先に述べた真偽・正邪・善悪・好悪・美醜・聖俗などがある．なお，本書では善悪・好悪・美醜・聖俗等については，これらを個人価値として扱い，必要に応じて「善悪等」と表記することにする．これは本書の立場である．さて，以上の価値が計画に関わる場面を想定して順次解説しておこう．

#### (1)　真偽について

「真偽」の「真」には，「言明（論理）としての真（トゥルース）」と，「事実としての真（ファクト）」の2つがあると考えることができる．前者はたとえば「当該計画は○○を対象とするが△△は対象としない」とか，「計画主体と計画範囲は◎◎によって定められている」といった定義に関わる言明等が該当するだろう．これらは言明自体の真偽が比較的容易かつ客観的に判定できるものである．

一方，後者は計画においてファクトに該当するデータ類をさし，「計画の前提条件」や「観測・調査データ」のように検証可能な様々なデータが該当するだろう．ただし，観測や調査によるデータであれば，観測誤差や調査方法の偏りなどに影響された偏差なども含まれる可能性があり，真偽の判断を行うためには客観的判断基準が必要になる．この点は**4.3.5項**にて記述する．

また，現時点ではファクトとしての検証が不可能であるが，想定される未来として合理的な説明を求められるデータに「将来の予測値」や「将来の想定値」

等が挙げられる．これらは予測時点になれば検証可能なデータであり，通常は過去や現時点のデータに基づいて予測が行われることから，計画づくりの場面では真偽に関わる検討という範疇に入るだろう．なお，この場合，真偽判断は客観的基準のほかに間主観的基準が適用される場合もある．この点についても **4.3.5 項**にて記述する．

### (2)　正邪について

正邪，すなわち正・不正が計画上関わるのは，手続きの正しさ（正義にかなった行為）と道徳としての正しさ（社会としての善を行うこと）の 2 つであると考えられる．概念的に前者は「計画を決める手続きが正当である条件」を満たすように求める価値である．詳細は**第 5 章**に譲る．また，後者は計画案を選定する際に前提となる当該社会の道徳的な価値である．これは弱者を優先するとか高齢者に配慮するといった一般道徳ともいえる事柄を含む社会における「正しさ」であり，個々人の価値ではない点に注意が必要である．

補足しておくが，正義については古くから定義される**形式的正義**と**実質的正義**という視点がある．前者は「等しきものは等しく扱え」といった原則を意味するに留まるが，後者は「能力に応じて配分せよ」といった価値を伴う正義とされる．一方，現代は形式的正義には分類されない**手続き的正義**という概念が大きな役割を持って登場してきている．この点については改めて **4.4 節**で論じる．

### (3)　善悪について

計画に関わる善悪には「個人の善」と「社会の善」とがあり，前者は「善悪」に加えて「好悪」，「美醜」，「聖俗」などを含め，広く言えば，麗しいとか，清潔であるとか，清々しいなど幾つもの形容詞で表現される個人的な価値に属するものである．このような個々人が表明する価値は，社会のなかでは相対的なものに過ぎないと考えられる．そこで本書では計画策定において個々人から表明される様々な意見のうち，真偽と正邪を除く価値については「善悪等」と記し，「善悪等」を個人価値とみなす立場をとる．後者の「社会の善」については，共通善や公共善と呼び区別する．

### 4.3.3 共通善という考え方

「社会の善」は，「個人の善」が社会において**共通善**として通用している価値，あるいは法律などにより**公共善**として成立させた価値を指すものと考えられる．道徳的価値として共通善が形成された場合は，「道徳としての正しさ」と同等であるが，計画目的のような非道徳的価値（たとえば功利主義）は共通善ということができても，社会における「正しさ」とは異なる概念であると考えられる．本書では計画策定行為のなかで，共通善としての確認が何らかの形でなされない限り，非道徳的価値も個人の価値の範疇に留まると考える．

共通善について，アリストテレスは政治社会成立のための前提であり，自由で互いに平等な人々に共通して内在する価値としたが，現代社会では善が多元的であるため共通善の構想は不可能と言われることもある．他方，共同体内であればその追求が可能と考える立場もある．また，自由主義の立場では目的論的共通善は価値多元社会で個人の自由を抑制することになるため認められないとされ，「公共善」が国や権力者と同一視され個人の権利や自由が侵害される危惧があるため，個人の主観を超えた客観的規範としての「共通善」が言葉として適当という考えもある．

本書では善悪等の個人価値が多元的であることから，自律的に共通善が生み出されることは想定しないが，しかし，社会基盤（インフラストラクチャ）の計画検討の場など，論点が限定された場面では，個々の価値が積極的に交錯し相互の違いが理解可能なコミュニケーションの場を活用することで，一定の方向性の確認や将来の方向性の共有すら可能であると考えている．すなわち，コミュニティから生み出される共通善の構想を必ずしも前提とはしないが，その成立を否定する立場は取らないことにする．このようなプロセスがコミュニケーションを通じて社会的合意形成に至る1つの筋道と考えているが，この点は**第7章**で解説する．

**【コラム 2】 共通善に関する憲法草案の話**

共通善の類語に公共善（パブリックグッド）という言葉がある．ちなみに社会基盤のようなインフラストラクチャは，公共財（パブリックグッド）と呼ばれ同じ英語が用いられるが，これは経済学用語である．

さて，現在の日本国憲法では公共の福祉（パブリックウェルフェア）が使われているが，日本国憲法が発布される前の GHQ 草案においては，別の言葉が使われていた．たとえば，憲法 12 条の「公共の福祉」はコモングッド（共通善）であり，個人の自由，権利，憲法に定める機会は，「共通の善」のために使いなさいと明記されていた．また，13 条，22 条はジェネラルウェルフェア（一般の福祉）であったが，29 条の「公共の福祉」はパブリックグッド（公共善）であり，国民の財産権は侵せないが，その内容は「公共善」に適合するように定めるという内容であった．

すなわち，我が国の憲法の草案段階では，共通善や公共善という概念が示され，それらが個人の権利との間で調和を保つべきとの論点があったことになるだろう．ちなみに，憲法改正に関わる平成 24 年の自民党の憲法改正草案では，「公共の福祉」を「公益」，「公の秩序」に修正する提案がなされている．公益（共通善，非道徳的価値），公の秩序（正義，道徳的価値）と解釈することができるだろう．

### 4.3.4 事実と価値の関係性

ここで真偽のうち事実（ファクト）を取り上げて価値との関係を考えてみよう．事実と呼ばれるものは計画策定においても重要な役割を果たすことは言うまでもない．交通事故減少や交通混雑解消のために交差点を改修することを考えてみよう．過去何年間かに発生した事故死者数や渋滞の継続時間など，具体的な数値が改修する事業の根拠となることは当然である．このような客観的な数値が我々の価値と関係するとは通常思えない．

実際，我々は何らかの機会に次のような助言を受けたことがあるだろう．すなわち，事実認識は客観的であるが価値判断は主観的であって個人の意見に過ぎない．「レポートを書くなら両者をきっちり分けて書きなさい」，あるいは，「自転車が駅前に沢山止まっていたとしても，そのことであなたが自転車を止めて良いとはならない」といわれることがある．前者はマックスウェーバーの**価値中立性**という考え方であり，その後事実と価値との二分法が広く受け入れられる端緒ともなった．また，後者はそのはるか前にヒュームによって示された「存在から当為は導けない」（No ought from an is.）という考え方であり，既成事実があったとしてもそうあるべきとは言えない，という至極当然の教えである．このように古くから事実は価値と独立なものとして扱われてきた．

しかし，20 世紀の哲学では，事実と価値の二分法が崩壊したと考えられている．それは「事実の知識が価値の知識を前提とする」という考え方である．知識や経験に基づく**認識的価値**も価値の 1 つであるのだから，事実の主張を正当化する活動が価値判断を前提とすることは明らかであるし，福島の原発事故の以前に，原発の安全を事実として伝えた人々は，その事実を正当化する価値の知識から独立ではなかったことも明らかである．

たとえば，机の上にペットボトルが置いてあり，そのなかにオレンジ色の液体が入っていたとしよう．日本人なら「ソフトドリンクが置いてあった」と事実の報告をするかもしれない．しかし，それが開発途上国の場合，なかに入っているのがガソリンである可能性も高い．そこに居合わせたのが経験も知識もない人である場合，煙草をふかしながら蓋を開けてしまって，やっかいな結末を迎えるかもしれない．

この例のように事実は認識的価値から独立とはいえない．計画の検討において関わる様々な事実（ファクト）についても，そのファクトの認識のしかた次第で結論が異なる可能性は皆無ではない．そのためファクトに関わる真偽判断をどのように的確に行えるかが極めて重要な課題となる．そのことを次に検討しよう．

### 4.3.5　真偽判断基準と因果関係

計画づくりの途上では，命題の真偽よりも事実の確認に関して様々な検討が必要になることの方が多いだろう．そのため観測調査やアンケート調査なども実施される．過去や現在のデータをもとにした数多くのファクトについては，比較的容易に検討して判断することが可能であるかもしれない．その場合に重要なことは**判断基準**の是非である．

計画づくりにおいて**真偽判断**を行う対象には，上記の①過去と現在の現象（過去と現在の結果）の他に，②因果関係（結果をもたらした原因），③将来の現象（将来の結果）の 3 つの種類があるだろう．土木計画学の分野の①, ②の真偽判断には，客観的判断基準（指標など）を用意すれば対応できる場合が少なくないが，これについては専門分野ごとに明確な基準を持つ必要がある．①や②の理論や方法論については**第 6 章**に譲る．なお，客観的判断基準が存在しない場合には，間主観的な判断基準を用いることが可能と考えられる．

たとえば卑近な例として，A 氏の身長 159 cm が事実だとしよう．このとき A 氏の身長は 160 cm 以上であるという命題を判定すれば偽となる，ここで使った判断基準は cm 単位という客観的な基準（ものさし）である．ところが，「A 氏は私より背が高い」が事実だとして，「A 氏は大柄である」という命題を判定できるだろうか．事実は相対的であるが判定可能である．しかし，命題が主観的な基準である「大柄」で示されているため，客観的な判断は困難である．

ところで，③の将来予測に関してはどうであろうか．たとえば，今世紀末に地球の平均気温が 2 度上昇する．あるいは 15 m の津波防潮堤を建設すれば次の津波は防げる．このように予測された将来の現象が真であるかに関わる判断は，予測システムに入力した現在と未来の数値が真であるのかと，前提とした予測システムの因果関係が現在と将来とで真であるのかに依存する．しかし，一般に両者共に誤差や不確実性，あるいは現象メカニズムの変化を伴うことから，因果関係の妥当性について客観的判断基準は存在しないかもしれない．そこで通常は専門家による**相互主観的**（あるいは**間主観的**という）な判断を前提としつつ，想定される複数の入力に対する複数の出力を幅と共に示し，社会として最終的に判断可能な説明や対話を伴うプロセスを実施することが必要と考えざるを得ない．

さて，計画の手段と目的との関係は，目的が手段によって達成されるなら因果関係と同等である．先の例でも津波を防ぐことが目的で 15 m の防潮堤を建設することが手段である．このとき，計画の手段が原因となって目的が結果として達成される因果関係が想定されている．このように因果関係が計画策定において最も強く関わるのは真偽判断ということになろう．改めて記せば，真偽判断における因果関係として，①事実をもたらした原因と結果の因果関係は真か偽か，また判断する客観基準はあるか，②政策・計画の手段（結果をもたらす原因）と計画の目的（目指したい結果）との因果関係は真か偽かという 2 つが挙げられる．

なお，計画づくりにおいて真偽判断とは別に，**正邪判断**や**善悪判断**の場面でも因果関係が課題となることから，ここで説明しておく．すなわち，正邪判断では，①計画の目的（目指したい結果）を先決し，計画手段（結果をもたらす原因）を定める合理的な手順となっているか，②計画手段の選択による効果・影響が計画手続き上，適切に示されているかといった判断が課題となる．善悪判断では，①目的達成の代替案のなかで選択された手段が合理性を有しているか（手段選択の合理性の判断），②上位計画等の目的に照らして当該計画の目的が，同一であるかまたは手段として合理性を有しているか（cf. 目的設定の合理性）が課題となることを付記しておく．

# 4.4　対話的合理性と手続き正義論

ここでは，真・正・善という 3 つの概念，そして様々な価値の存在を踏まえ，計画策定の手続きの理論化を図るために役立つ 2 つの理論を解説しておく．

## 4.4.1　ハーバーマスの対話的合理性

ハーバーマスは発話者が**妥当要求**を掲げてその承認を相手に求める発話行為をコミュニケーション的行為と定義し，意見の不一致が生じれば討議に移行するという**対話的合理性**の考え方を示した．ここで，妥当要求とは，

①**客観的真理性**（自分は真理を表明している）
②**規範的正当性**（自分は正しい規範に従っている）
③**主観的誠実性**（自分は意図通り誠実に述べている）
④**理解可能性**（相手に分かりやすく述べること）

の 4 つからなる概念であり，④を除けば先の真偽・正邪・善悪等にそれぞれ対応していると考えることができる．

特に③の主観的誠実性は，個人それぞれの主観で物事を表明する際に，その個人が偽りなく誠実に言明することを要求するが，言明の内容に関しては，自ら信じる価値の表明であること以上は規定していない．すなわち，主観的誠実性は，個人の考えのうち，真と正に関わる内容を除き，善悪・美醜・好悪・聖俗などに関わる個人の価値を誠実に表明することを意味しており，真・正・善の善に相当する事項が当てはまるといえる．

たとえば，事故多発地点の道路改修を計画した場合に提起される言明の例として，客観的真理性に関わる妥当要求には，「交通事故多発の原因は交差点の形状にあるのではないか」，規範的正当性では，「交差点改修の前に十分に地元に情報提供をしていないのではないか」，主観的誠実性では「交差点改修よりも，う回路を整備すべきではないか」とか「自動車交通量を減らすべきだ」などを挙げることができる．

ハーバーマス自身は例題として夫婦の会話を取り上げ，お茶が欲しいといった夫に拒否する妻側の 3 種の妥当要求を示している．すなわち，お茶を切らしている（客観的真理性），使用人扱いしている（規範的正当性），子供の前で亭

主関白を誇示したいだけ（主観的誠実性）という理由である．

ちなみに，④の理解可能性は対話の場面で相手に分かりやすく伝えることが①から③共通に必要であることを意味する．以上によって，真・正・善が対話的合理性の理論においても重要な区分として用いられていることが分かる．

### 4.4.2 ロールズの正義論

ロールズは，「善」，特に非道徳的価値である「善」に対する「正」の優先を主張し，「正」とは独立に「善」を定義しておいて，その「善」をどのようにして最大化するのかという社会の価値が「正」だとする目的論的な考え方を示した．言い方を変えれば，「正」は「善」からは導かれないとする考え方であり，ロールズはこの考え方を，「非道徳的価値でありかつ善によって正を定義する目的論的理論である**功利主義**」を批判するために用いたとされる．なお，道徳的価値には「あの人は善い人だった」が当てはまるが，非道徳的価値には「あれは良い車だ」といった表現が該当するだろう．

ロールズの時代の米国では功利主義，すなわち「最大多数の最大幸福」という思想で効用に基づく便益を社会で最大化する事業が善であり正であるとする考え方が席巻していた．元々，ベンサムが功利主義を主張した時代は，貴族等の特権階級のみで政策が決まり，多数を占める国民の幸福が蔑ろにされていた背景がある．しかし，米国で州際高速道路網の整備が進められた1950年代後半以降は，もはやそのような時代背景ではなかった．

高速道路整備は，時間価値の高い自動車利用者の総効用を最大化する事業という性格をもち，大きな経済効果をもたらす重要な公共事業であったが，当時は自然環境や都市部のコミュニティ分断などの問題を軽視して成り立っていた面も否定できない．ボストンでは1960年代中頃から問題が顕在化し，1970年代初頭には高速道路計画がいったん中断されて，市民参画による手続き重視の計画づくりへと大きく舵を切るきっかけとなったことは既に**第2章**で説明した．

さて，ロールズはこの時期に「公正としての正義論」を著し，**原初状態**の仮説として，人々が**無知のベール**に包まれ，自分の年齢，性，地位，財産，能力などを一切知らされていない状況を仮定すれば，自分の地位にのみに有利な合意を求めることはできなくなると考えた．そのとき自分が最も不利な立場にある場合を想定して，最悪の事態を回避する合理的戦略である**マキシミンルール**

に合意するようになると考えた.

ここでロールズは**正義の二原理**として，①他の人々の自由と両立する範囲で，できるだけ広範な基本的諸自由を平等に持つべきこと（**第 1 原理**），②**格差原理**と**機会均等原理**を満たす場合にのみ，社会的，経済的不平等が認められるべきこと（**第 2 原理**）を挙げた．ここで格差原理は「その不平等が最も不利な人々の利益の最大化になること」であり，機会均等原理は「その不平等が公正な機会均等の条件で，すべての人に開かれた地位や職務と結びついていること」であった.

以上のように，ロールズは正しさが善に対して優先権を持つと考え，正が原初状態の当事者達によって選択される原理であるのに対して，合理的選択の原理などは，正において選択される対象にはなり得ないとした．そして正と善の概念が大きく異なるのは，契約理論に由来する正と正義の優先権にあるとしている．善が個人的な価値で多様性を許容するのに対して，正義という概念は個々人を超えた相互行為を規制する諸原理諸制度に適用されるからだといわれる.

このような基本的な理論の構想を，計画策定の場面に当てはめて考えると，社会的に正しい決め方（いわゆる手続き的な正義）に関して，社会が一定程度の合意にあるとすれば，その決め方（計画プロセス）の遵守が善の選択（すなわち，計画内容の選択）に優先されるべきと解釈できるのではないだろうか.

### 4.4.3 本節のおわりに

ハーバーマスの対話的合理性を実際のコミュニケーションの場面で要求することは容易でないし，ロールズの原初状態を想定して物事を考えることも容易ではないだろう．いや，不可能と言えるほど困難に思える．ただし，計画づくりの場面で相手の発話内容をより的確に理解することや，相手の立場を理解する上で，これらの理論を上手に活用できるならば，それなりに意義はあると考えられる.

計画の場面で原初状態を仮定することが困難だとしても，計画によって影響を受ける立場を想像しつつ物事を考える機会は少なからず必要となろう．特に様々な価値が並立するコミュニケーションの場においては，相手の立場に配慮する工夫が必要に感じることもあるだろう．古くはヒュームが，「共感」を相手との「立場の交換」と表現したことからも分かるように，他者に配慮することは公共計画を策定するさなかで最も大切なことの 1 つである．この点は **7.2.3 項**に改めて解説する．

**【コラム 3】 無知のベール実験について**

講義中に学生に以下のような簡単なグループ課題を与えると，多くの場合に学生の回答がマキシミンルールに従うことになる．課題とは次のようなものである．

各グループに 4 名の学生がいる．彼らは中身を確認できないくじを既に引き当てているとしよう．最悪のくじは今後の 1 年間のうち 250 日間は他の 3 人の昼食を 1 人で負担するものである．最も良いくじは 1 日だけ負担すれば良い．残りの 2 つのくじは 14 日分と 100 日分の負担である．よって，運が良ければ一年のうち 364 日は誰か他人が昼食費の一定割合を負担してくれるというものである．以上の前提のもとで，「負担割合として 100%, 50%, 10% の 3 つのうち，どの割合を選ぶかをグループで話し合って決めなさい．」という課題である．

昼食の金額にもより，それが少々高いようならほぼ間違いなくどのグループも 10% に落ちつくようだ．運悪く自分や友達が 250 日負担する立場になる事態を想像するためである．ただ想定する昼食費が安めだと，原初状態再現の限界（各自の経済環境まではベールに包めない）から，学生たちの経済環境を反映して 100% を選択するグループも出てくる．それが総意に基づく結論かどうか，どのような話し合いで決めたのかは興味深いところである．

## 4.5　計画の哲学

### 4.5.1　広義の正と狭義の正

ここまでに計画策定に関わる真・正・善の性質が概ね明らかになった．なお本書では，真の一部となる事実が認識的価値から独立ではないことを踏まえ，真・正・善を合わせて「3 種の価値」と表記することがある．

ハーバーマスは主観的誠実性という概念で個人価値の善悪等を概念化した．この考え方を用いれば，計画策定の場での個人意見の誠実な表明という形式によって，いかなる個人の価値をも包含可能と考えられる．そして，世の中にこれら真・正・善しかないといえるなら，これら 3 種の価値に配慮することが物事の決定上，あるいは計画の策定上，十分ということが考えられ，この配慮行為を**広義の正**と定義する．

また，広義の正に対して**狭義の正**を次のように定義する．それは「広義の正」から「真および善悪等への配慮」を除き，真・正・善，3 種の価値のなかの「正」にのみ関わる配慮行為であり，それを「狭義の正」とする．厳密には論じられないが，本書の「狭義の正」は「手続き的正義」と同等な概念と考えられよう．

ロールズは善に対する正の優先を唱えた．善と独立な正をまず優先した上で，その下で善を最大とする取り組みが探索されるとした．この考え方を計画策定に当てはめれば，「正なる手続き」（手続き的正義）のもとで，相対的で個人価値に依拠する様々な善（主観的誠実性）を議論の俎上にのせ，それらを総合し，あるいは取捨することで，社会的な合意形成に取り組む行為が考えられる．

ここで，真，特に事実が個人価値から非独立なことを前提とすれば，正なる手続きの構想において，真と善とが継続的に検討・検証され，また確認される手続きが，3 種の価値すべてに配慮するために必要になるだろう．これらを図で表現すれば，**図 4.2** のようになる．これは正のもとで真を確認しつつ善の最大化を図る枠組みということができる．

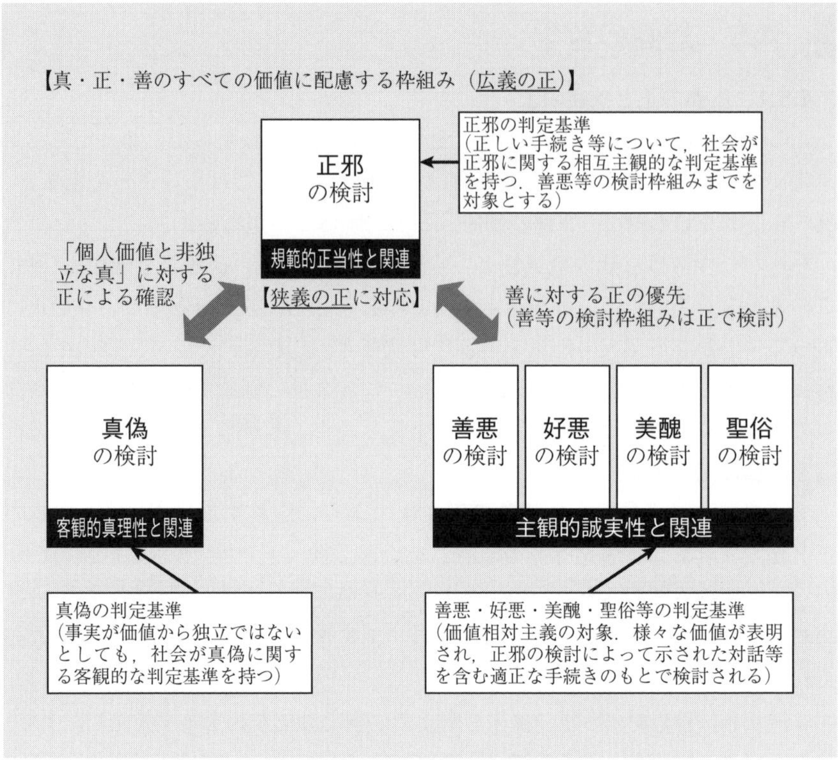


**図 4.2**　正のもとで真を確認し善に配慮する検討の枠組み

### 4.5.2　科学・技術検討，制度・手続き検討，対話・参加検討

さて，計画の策定途上に留まらず，土木計画に関わる技術的な判断を伴う場面では，以上の真・正・善に少なからず関連する検討を行うことが予想される．たとえば，管理する道路の損傷が見つかったとしよう．まず最初に行うことは事実の確認であり，客観的判断基準に基づくデータ化であり，そして今後の損傷の進展予測など真偽の検討に関わる事柄であろう．そして，その緊急性が高ければ，通常の手順とは異なる手続きを検討するであろう．また，工事に際して周辺の住民や通行する利用者の様々な影響にも配慮した対応を模索する必要もあるだろう．このように大なり小なり，真・正・善に配慮した業務を自然体で行っていると考えられる．

そこで，本書では改めて，真偽に対して**科学・技術検討**，正邪に対して**制度・手続き検討**，善悪等に対しては**対話・参加検討**という名称で真・正・善それぞれの検討を表現して整理することとした．個々の内容については**第５章**にて記述するが，科学・技術検討では科学あるいは技術における合理性や客観性などが問われることになるだろう．また，制度・手続き検討では，手続き的正義に照らして，計画の制度や手続きの有する正当性，それを担う主体の正統性などが検討され，確認されることになるだろう．さらに，対話・参加検討では適切な参加のありかたが検討され，そのもとで異なる価値を有する様々な人々の間での対話や多様なコミュニケーション，計画主体との意見交換などが活発に行われることになると考えられる．対話・参加検討による成果は，**社会的合意形成**を確約するものではないが，これに科学・技術検討，制度・手続き検討を同時に進めることで，正のもとで真を確認し様々な個人の善に向き合いながら社会として目指す姿を計画の案として確定して行くための枠組みが構築できると考えられる．

### 4.5.3　行為の論理的構造との関係性

既に本書の**第２章**で説明したように，ニコマコス倫理学のなかで「行為の論理的構造」として，アリストテレスは目的が定立された条件下で手段を選択する際に，目的が最も容易に最も美しく達成される選択肢を選ぶ論理を示している．ここで「容易さ」とは現代風に言えば，まず技術的実現性等を指し，そのことは科学・技術検討をもって明らかにされるといえよう．ただ，それだけで容易とはいえず，一部の深刻な反対などを受けていないことも容易さの条件に関わるであろう．また，「美しさ」は単に物理的なものではなく，社会が概ねその結論を納得し受け入れている様を指していると考えることができる．すなわち，価値多元社会である現代において，様々な善の構想が並立するなかで，対話的合理性をもった参加が検討されることによって，「容易さ」と「美しさ」を兼ね備えた決定に至る可能性が追求できると考える．

このように科学・技術検討や対話・参加検討に通じるような論理的な考え方が当時から示されていたと解釈することが可能である．以上は目的が定められている条件であるが，現代の計画検討の場面では，特に上位計画において目的の検討，いわば多数ある目的（価値）からの選択を行うことが求められる．目的の定立，共有，確認が必要になる．そのため，行為の論理的構造では明示的に示されていない「手続き的正義」や「適正手続き」に関わる条件も必要になることに言及しておきたい．

### 4.5.4 本書で構想する計画の哲学

以上に示した「真・正・善に配慮した計画検討」は「真」を踏まえ，「正」の手続きのもとで，共通の「善」を選ぶ検討行為であり，適正手続きとして計画を正当化する行為ということができる．「真」に対応する科学・技術検討（T），「正」に対応する制度・手続き検討（P），「善」に対応する対話・参加検討（C）の3種の検討を同時に行うことで，すべての価値に配慮して「共通の善」(CG)の実現に向かうことから，そのことを計画検討の基本的な考え方に置くことが考えられる．

TとPとCで表現した3種の検討を調和させ結合させることで共通の善に導くことから，T＋P＋C＝CGという形式を，最も簡便な形式であることを踏まえて，**計画づくりの基本原理**として新たに設定することを提案したい．言うまでもなく，共通善の実現に向かうためには，3種の検討の結果をもとに計画づくりの時間的な進捗管理，すなわち計画策定のプロセスを構築して，それを適切に管理して進め，計画案の確定に至ることが必要になるだろう．この点も含めて改めてまとめると，以下のようになろう．

世の中の価値は，古くから真・正・善に大別され，真は認識的価値から独立でなく，善は広く好悪・美醜・聖俗等の個人価値を含むとすれば，それら以外に価値は存在しないだろう．そこで，それらの一部に故意に配慮しない計画検討であれば，おそらく社会の納得を得ることが難しいが，「真・正・善のすべてに配慮した手続きによる計画」ならば，「社会的に妥当な決定（社会的に受容されるべき決定）を行うことができる」と一般化することが可能ではないかと考える．もし，「本書で構想する真・正・善に配慮した計画検討」が真・正・善のすべてに配慮する方法であるなら，その方法に基づいて示された計画案が，社会的に妥当なものとして受容される可能性があると言うことができる．以上が本書を通じて明確にしたい**計画づくりの哲学**である．

特に公共計画や地域計画の場面では，「共通善が導けることを目標にして，可能な限り「真偽」を明らかにした上で，「正義」にかなう手続きによって，広く住民を含む関係者の参加を得た上で社会的合意形成をはかり，個々の「善」を超えた「共通の善」を探求する」ことが望ましいと考える．なぜなら公共計画では，市民や国民との協働なくして目標を実現できないことが多いためである．地球環境，地域防災，交通安全・防犯，高齢社会の問題解決などはその代表例である．したがって，計画策定の途上から広く住民を含む関係者の公共心が維持・促進されることで，計画策定後の事業実現やその維持・継続等にプラスの効果をもたらすことが計画策定行為に期待される．

実際には，市民や住民等の公共計画検討への関心，特に上位計画，への関心を高めることは容易ではなく，またそのためもあって計画主体側にも参加を積極的に行うインセンティブが不足しがちな場合もあろう．計画目的の実現のために，この点を如何に克服するかが課題となるが，そのため具体的な計画プロセスのデザインが重要といえよう．その点を次章以降で逐次解説する．

## ◆◆本章のまとめ◆◆

本章は計画の哲学として論理構築を図ったものであり，土木計画における決め方について投票方式の限界に触れつつ概要を把握した上で，計画の中身を判断するための基準を真・正・善の3つに分けて考える必要性について，事実と価値との関係性や真偽判断基準の客観性に触れつつ理解を深めた．対話的合理性と手続き正義論という2つの考え方をハーバーマスとロールズを参照しつつ整理し，計画策定の場面でどのように応用するかを理解した後に，「真を踏まえ正の手続きのもとで共通の善を探し選ぶ」計画検討の行為が，計画づくりの基本原理であることを理解した．

## 4章の問題

□ **4.1**　次の各問いに答えよ．

(1)　組織が計算で意志決定できるのは，目的が共有されていて，かつ手段と目的との因果関係の不確実性が小さな場合に限られるという．それ以外の条件では計算で決められないというが，その理由を考察せよ．

(2)　陪審定理が善悪等の個人価値に対して成立しない理由を考えてみよ．

(3)　公共計画の策定において真・正・善の区別が必要な理由を述べよ．また，真・善・美や心・技・体など他の異なる考え方が，公共計画の策定に役立てられるか考えてみよ．

□ **4.2**　住民が裏山に使い古しの家電製品や資源ごみなどを勝手に廃棄したため，金属が溶けだして井戸水が汚染される事態になったと仮定しよう．原因者の追究にはかなりのコストがかかるので，住民全員から費用を徴収して廃棄物を撤去し，これ以上の汚染を避けることが提案されている．しかし，この場所が廃棄しやすいとみられ，市民かどうかは不明だが，未だに不法投棄が続いている．さて，このような状況で今後どうすれば良いかを考えるため，問題や課題を真偽・正邪・善悪等の別に分けて考えて列挙してみよ．

□ **4.3**　**第2章**の問題**2.3**で回答した安全，環境，活力，生活の4分野の優先順位のデータをもとにして，異なる投票方式を採用した場合の勝者を相互に比較してみよ．循環順序が発生する可能性についても検討せよ．

□ **4.4**　自分が住む市町村の基本構想や基本計画，あるいは計画都市計画マスタープランのいずれか1つを対象に計画の策定開始から決定までの手続きを調べてフローチャートにしてみよ．

# 第５章

# ３つの並行する計画プロセス

計画づくりの基本方程式として，技術検証プロセス，段階原理プロセス，市民参画プロセスという３つのプロセスを同時に進める計画づくりの考え方を理解する．計画プロセスを設計して運用する際の様々な条件を知り，自らプロセスの全体像をデザインできる知識を得る．

## 5.1 計画の基本方程式

前章では「真」に対応する科学・技術検討,「正」に対応する制度・手続き検討,「善」に対応する対話・参加検討, の3つを同時に行って,「共通善」の実現に向かう基本的な考え方が, 計画づくりの「基本原理」であることを導き出した. そして, 世の中の価値が真・正・善に大別され, そのなかで善が広く好悪, 美醜, 聖俗等を含む個人価値のすべてとすれば, それら以外に価値が存在しないと考えられ, それらすべてに配慮した手続きによる計画であれば, 社会的に妥当な決定を行えると考えた.

その上で, 本書で構想する真・正・善に配慮した計画検討が真・正・善のすべてに配慮できる方法であるなら, その方法に基づいて示された計画案が社会的に妥当なものとして受容される可能性があると結論づけたことになる.

以上の**計画づくりの哲学**を具体的に適用して, 真・正・善という3種類の検討の各々に対応する**計画プロセス**がデザインできるとしよう. そうすれば, それらが一定の条件を満足するときに, 社会的に妥当な決定を行えると考えることが可能である.

そしてそれは, **表5.1**に示したように, 計画づくりの「基本原理」に基づく3種類の検討の各々を「計画プロセス」に対応させることで実現できると考えられる. すなわち, 科学・技術検討に対して**技術検証プロセス**が, 制度・手続き検討に対して**段階原理プロセス**が, そして対話・参加検討に対して**市民参画プロセス**がそれぞれ対応する. そのとき, 前章に示した基本原理の等式

$$T + P + C = CG$$

については, それを**計画プロセスの基本方程式**として改めて**図5.1**のように表すことができる. この等式を成り立たせるためには, 上段, すなわち3つに分

**表5.1** 計画づくりの基本原理と計画プロセス

| 検討の対象 | 真偽 | 正邪 | 善悪等 |
|---|---|---|---|
| 計画づくりの基本原理に基づく検討 | 科学・技術検討 | 制度・手続き検討 | 対話・参加検討 |
| 各検討に対応するプロセス | 技術検証プロセス | 段階原理プロセス | 市民参画プロセス |

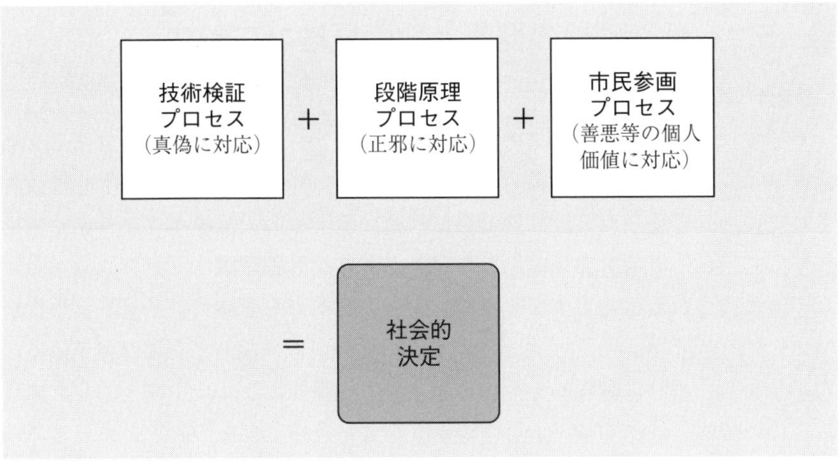


**図 5.1**　計画プロセスの基本方程式

けられた各々のプロセスが同時に進められて，下段，すなわち「共通善」を得ることを原理として社会的に妥当な決定を行うという関係図式が必要になる．そのため，上段の各プロセスには何らかの条件が求められることになると考えられる．技術検証プロセス，段階原理プロセス，市民参画プロセスの内容や条件について，段階原理プロセスは本章で，技術検証プロセスは**第 6 章**で，また市民参画プロセスは**第 7 章**でそれぞれ説明する．結論を先取りして述べれば，これら 3 つのプロセスを並行して進める計画づくりになることから，これを本書では **3 つの並行する計画プロセス**と呼ぶことにする．その詳細は **5.4 節**に譲る．

## 5.2 計画理論の発展と段階原理プロセス

### 5.2.1 計画理論の概観

本節では段階原理プロセスの基礎となる背景から解説する．都市計画や交通計画の基礎となる計画の理論は1950年代以降に特に欧州や米国を中心に検討されていたと考えられる．高速道路，鉄道，空港等の大規模インフラを整備推進する時代に，その必要性が増した背景があり，**計画理論**（プランニングセオリー）と称される書籍も少なくない．一方，日本でも同時代にインフラ整備が増え，1970年代前後から土木計画学における「計画理論」として研究が始まった．しかし，当時は数理的分析の理論化が中心課題となり，手続き的な計画理論については，住民参加型の計画づくりなどが登場したものの，必ずしも体系化され理論化されるには至っていない．このことは既に**第1章**で述べた．

本節ではまず1950年代頃からの「計画理論」の歴史を紐解き，計画プロセスを検討することの重要性を再認識することから始めたい．ハドソンはそれまでの計画理論を振り返って，①**総観的計画理論**（あるいは**合理的計画理論**，**道具的計画理論**），②**漸進的計画理論**，③**相互取引的計画理論**，④**弱者擁護型計画理論**（これはその後，**対話型計画理論**へ進展），⑤**急進的計画理論**の5つに区分している[1]．その上で各々の欠点を補うように組み合わせて使う将来の可能性を示そうとした．

総観的計画理論では，**図5.2**に示すように，①目標の設定，②政策代替案の同定，③目的に対応する手段の評価，④政策の実行という4つの手順が共通して用いられる．これらの順序が入れ替わったり，フィードバックしたりすることがあるとしても，概ねこの枠組みで技術検討の理論や方法が発展し，需要予測や費用便益分析等，様々な計量的方法論が活用されてきたとしている．

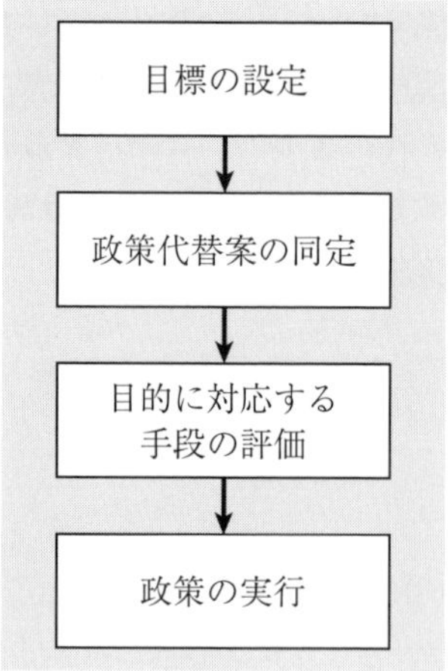


**図5.2** 総観的計画理論の手順

### 5.2.2　合理的計画理論のプロセスとしての進め方

バンフィールドは，合理的な決定に至る計画策定の手順として，①現状分析，②目的の明確化，③行動行程の設計（手段選択），④結果の比較分析という4つのステップを示しているが，これが今日に繋がる合理的計画理論のプロセスを記した最も初期のものの1つと考えられる[2]．同時期にリンドボルムが挙げた合理的・総合的手順も概ね似た構成である[3]．すなわち，①分析の前提とされる目的の分類，②目的手段の分析を通した政策の形成，③望まれる目的に適した手段が良い政策であるかの検証，④重要な関連要素をすべて考慮した総合的分析，の4つの手順である．これらの手順については，そのような単純な直列的手順で壮大な計画を実現できるのかとの批判が当初から多く，漸進主義で徐々に変えていく現実性の高さも主張されていた．

ただし，合理的計画プロセスに共通的な考え方として，**図5.3**に示したように，①現状の分析，②将来の予測，③目的や目標の設定，④適切な手段の比較検討，⑤採択，といった考え方は，多少の違いはあるにしても現在に至るまで，交通計画等，**社会基盤**分野の計画検討の手順として，我が国でも概ね支持されてきたという実績がある．

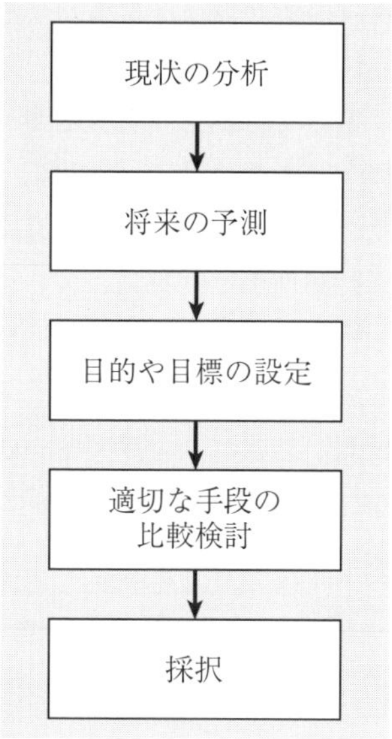


**図5.3**　合理的計画理論の手順

これを本書では，ステップを組み立てて順次検討を進めるという点で，いわば制度化されたプロセスであることから，**段階原理プロセス**と呼ぶことにする．段階原理プロセスは，計画づくりにおいて必要不可欠で合理的な手順と考えることができるが，それだけで計画策定のための十分なプロセスにはならないとも考えるべきである．その点は次項にて記述する．

### 5.2.3 合理的計画理論の限界とプロセスの改善

さて，このような計画理論が登場した時代は自動車交通が先進各国で急増した時期に重なり，高速道路等の建設が相次いだ．米国でも同時期に連邦政府や州政府の進めるトップダウンの高速道路建設と，地元自治体の都市計画との間で深刻な不整合が発生し，各地で様々な問題を生み出した．この間の経緯は**第2章**で既に概観したが，計画理論との関係を若干補足しておく．

米国で高速道路建設が大きく進展した時代には，都市部で反対運動が激化し，建設事業がストップする事態が幾つも発生した．当時の都心部には，良好な郊外住宅に転出できない多くの低所得者層が残り，それら弱者の居住区に広幅員で地域を分断する高速道路の建設が相次いだ．そのような社会状況において，都市計画の分野では住民に一層向き合い，住民参加等の工夫を加えて計画づくりを強化する取り組みが進展した．たとえば，1960年代のダビドフの弱者擁護型計画理論は，都市に住む弱者の声に耳を傾ける計画理論として注目された．

一方，高速道路事業等への反対運動に対処するため，広域の交通計画分野でも，ボストンで計画見直しの取り組みが進められたことは**第2章**で述べた．住民側が独自にコンサルタンツを雇い入れる支援を行政側が行った点でユニークな方式であった．また，同時期の英国では地域計画に大規模な市民参画を導入

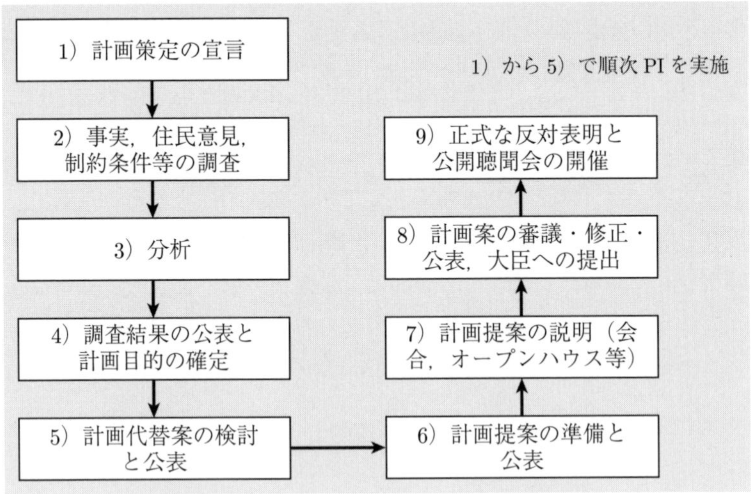


**図5.4** スケフィントンレポートの計画手順

する試みが行われているが，その背景は1969年に公表された通称**スケフィントンレポート**と呼ばれるものにあり，**図5.4**に示したように地域の空間計画の策定手順として9つのステップが明示され，そのうち第1ステップから第5ステップまでには，市民参画（パブリックインボルブメント，PI（詳しくは**7.1.1項**参照））の実施が明記されていた．

なお，都市圏の上位計画づくりにおいて，このような先進的な取り組みは当時例外的であり，その後の高速道路等の社会基盤の計画づくりは，総合性や合理性を重視して四段階推定法等の需要予測技術の強化や費用対効果等の評価方法の開発など，科学・技術的な合理性を高めることで発展してきたといえよう．

### 5.2.4 対話型計画理論の登場

他方，都市計画の分野を中心に，**第4章**で紹介したハーバーマスの提唱する対話的合理性の概念に影響を受け，対話型計画理論という考え方が生まれ，それを計画づくりに応用する試みが登場してきた．対話型計画理論では，参加型のプロセスを通じた対話に基づいて，計画の内容を定めることを狙いとするものであり，ハーバーマスの妥当要求概念を応用した考え方である．

たとえば，フォレスターはすべてのコミュニケーション的相互作用が，発話者に依存する4種類の要求によって引き起こされるとし，コミュニケーションができるのは対話時に共通の前提事項を検証できているからであり，他者が次のような範囲で話すことを評価しているとする．すなわち，①理解に値するか，②誠実であるか，③文脈上正当であるか，④真実であるか，ということである．相互理解はこれら4つの前提事項の満足に依存するという．

元来ハーバーマスはコミュニケーション的行為と戦略的行為とを分離して考えた．その上で，前者に対して妥当要求を掲げてその承認を相手に求めることを発話行為とし，意見の不一致が生じれば討議に移行するという一連の手続きを想定していた．ただ，ハーバーマスも述べるように，妥当要求のやり取りは，一義的には，相互に他人を理解することや誤解を無くすための基盤を提供することとされる．

その後，コミュニケーションを重視する計画理論は，都市計画や都市の交通計画の分野で一定の広がりを見せた．特に市民参画の取組みは，1990年代の米国の地域交通計画分野において法律の定める必要事項となり，全米で広く展開されるようになった．インフラ整備や適切な維持管理を怠った米国で，インフラの抜本的な改善を図ろうとした際に，各地で建設に対する社会的合意形成が困難な状況に直面した．その理由が将来ビジョンを地域で共有できていないことにあったと考えられたことから，上位計画である地域交通計画にこそ市民の参加を促進して，将来目標への共有を図ることが急務とされた．

参考として**図 5.5** にアリゾナ州フェニックス都市圏での当時の地域交通計画の策定プロセスを示しておく．パブリックインプットと称して住民参加が加えられたプロセス図であるが，本書でいうところの真・正・善に関わる3つの検討が混然一体となったプロセスであることが推察できる．原図にはないが図には3種類のどれに属する検討であるかを色分けしてみた．さらに同図の各検討事項を本書の考えに沿って再配置すると**図 5.6** のように書き直すことができる．両図の記載内容は情報量として全く同じであるが，後者であれば，真・正・善のいずれの対応であるかが一目瞭然になることが分かる．

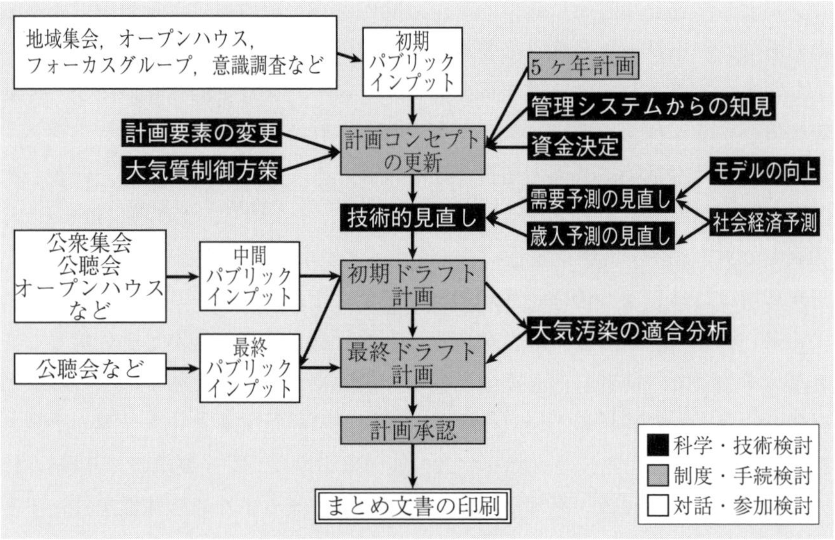


**図 5.5**　都市圏交通計画の策定プロセス（米国アリゾナフェニックス都市圏）

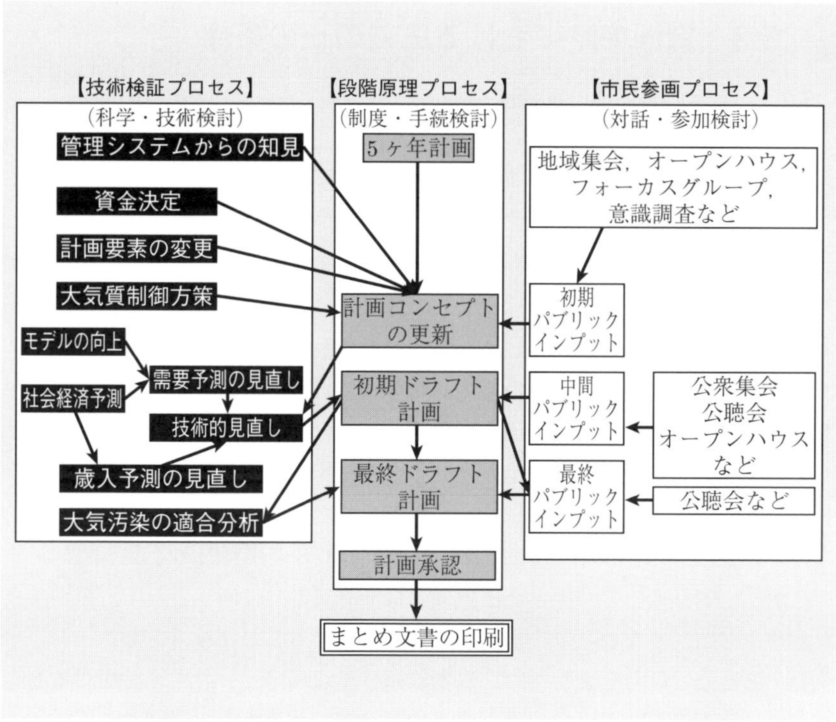


図 5.6　3つの並行する計画プロセスに対応させて描き直した図

### 5.2.5　本節のおわりに

本節では計画理論の歴史的な変遷を概観した．特に都市・地域計画の分野で，古くから合理的な手順のもとで計画案を策定する機運が高まり，計算機の高速化に歩調を合わせ，科学・技術検討に基づく計画づくりが発展してきたと総括できる．その際，段階的にステップを踏みながら計画案を定める段階原理プロセスが主流であったが，合理的手順であったとしても，それだけで計画を決めることが不十分なこともほぼ同時期に明らかにされ，弱者に向き合う計画プロセスや市民参画を積極的に取り入れたプロセスなどを提唱する計画理論などが台頭したという背景がある．

## 5.3　計画策定における広義の正の条件

### 5.3.1　対話的合理性の有効性

前節で合理的計画プロセスの中心的な手順のことを段階原理プロセスと呼ぶことにしたが，それだけで計画を決定することが，その後の計画実現に向けて大きなリスクを伴うことから，対話的合理性を計画づくりに持ち込む工夫も行われてきた．ただ，それら両者を融合する取り組みは必ずしも成功しているようには見えない．それはハーバーマスの提唱する対話的合理性の厳密さを現場で実用的に利用することが難しい点などに原因がある．

特に**インフラストラクチャ**の上位計画や地域計画等においては，市民や住民もそれほど関心を抱かず，参加が継続せず，十分な意見の表明や討議に至るような状況も概して多くない．他方，いったん問題のこじれた大規模プロジェクト等では，紛糾のさなかに冷静に妥当要求を満たす発話を期待することは難しく，4つの妥当要求の条件を参加者に求めることも非現実的と考えられる．

しかし，個々人の持つ様々な価値（主観的誠実性）に向き合って計画づくりを進めること，すなわちコミュニケーションを図ること（対話・参加検討）が重要であることは言をまたない．日本には日本に相応しい計画理論があると考えられ，その構想において，妥当要求の考え方を個々人から表明される様々な意見を問題整理するための枠組みとして活用することなどは十分検討に値する．この点は**第7章**で再度議論の俎上に載せたい．

### 5.3.2　計画プロセスの改善が必要な理由

米国で市民参画の必要性が再認識され推進され始めた1990年代に，日本では公共事業への批判，公共事業などの決め方への批判，決定段階などへの参加要求の高まり，などがいずれも強くなった．この背景には政治不信，行政不信，計画や事業への不信などがあり，バブル経済の崩壊の時期とも重なって，国民の生活や環境に対する意識の変化があったことなどが挙げられる．また，政治不信や行政不信については，透明性，情報公開，説明責任などの要求が高まりを見せ，それらが不十分なことから住民投票要求なども各所に見られた．そのため2000年代にかけて，事業評価，政策評価，業績評価などの評価の体系が概ね整備され，社会資本重点計画法や国土形成計画法の法定計画の制度構築と相まって，計画や政策の方向性を改めて戦略的に定めることや，道路，河川，空港，その他の社会基盤の整備を対象として市民参画の取り組みなども進められるようになってきた．

一方，同時期に日本でも台頭してきた規制緩和の大きなうねりは，英国に始まる**新自由主義**を背景に大きな影響を及ぼし，小さな政府を志向して計画手続き等の簡素化が求められ，イノベーションのスピードを重視して計画全般を軽視する風潮などを生んできた．これは東京のような大都市で再開発事業が促進されたプラス面と，それが交通インフラなどの民間だけでは進まない社会基盤とのギャップを埋められないまま進行したマイナス面とを生み出している．また大規模テロや大災害などの度重なる発生により，強い政府や信頼できる政府が求められ，世界的に見ても市民参加手続きに対して消極的であってもやむなしとの空気が広まってきたようにも思われる．

近年の情報・通信産業のイノベーションを先導役とする経済発展は，同時に格差の拡大をもたらし，都市構造においても空間的なひずみや地域的な脆弱性をもたらしている面を否定できない．いったん大災害が発生した場合，二次的な災害を防ぐために役立つ強靱なコミュニティが作られているかについては，未だ課題が大きいと考えられる．

これからの社会では様々な主体に配慮しつつ，対話等の参加機会を設けた上で一定の納得を得たのちに，方向性を定め決断することが求められるだろう．これは地球規模の環境，気候変動に伴う災害への適応，様々な自然災害への備え，高齢者の交通事故への対応等，各主体が積極的に役割を果たさないと地域における効果的な取り組みに繋がらないためである．

そのような社会環境では，各主体の「役割」と「責任」を明確化する計画の必要性が高くなる．「役割」を自主的に担うには「目的の共有」が必要であるし，「目的の共有」には「決定過程への参加」が求められよう．そして「責任」の分担にも「決定過程への参加」が必要である．誰がどこで決めたかも知らされない計画に主体的に協力する市民は少ない．実現に長い時間を要する計画，たとえば，地域の長期的な防災計画，復興計画，都市基本計画，温暖化対策計画等では，計画の目的や手段の重要性を共有する必要性が概して高く，そのような計画のプロセスを改善する必要性は未だに高いといえるだろう．

### 5.3.3 計画プロセスが満たすべき条件

ここでは計画プロセスに関わる「正邪」について改めて掘り下げて考えてみよう.「正義」(ジャスティス) については, 形式的正義 (等しいものは等しく, 等しくないものは等しくないように扱え) や実質的正義 (配分的正義など) としては古くから定義がされてきたが, 本書で対象とする正義は,「手続き的正義」といわれる範疇にあることは**第4章**にて述べてきた. その起源は英国ではデュープロセスと呼ばれ, 国王に対して貴族たちが対抗してようやく手に入れた処分の前に手続きを要するという権利であった. 今日では各国の憲法で保障された国民の権利であるが, 当然ながらそれだけで個々の計画策定時の手続き的正義が表現できることにはならない.

なお, 実質的正義として様々な社会の価値が存在し, たとえば, 最大多数の最大幸福といわれる18世紀以降の**功利主義**は, 特権階級ばかりではなく, 産業革命後に劣悪な生活環境に追い込まれた都市労働者を含む万人の幸福増進のために主張された思想であり, 当時の社会の正義であったことから広く普及したと考えられる. しかし, 現代の価値多元化社会においては経済活動などの一部の価値を代表する場合が少なくない. そのため計画策定の場では, 費用便益分析などによって確認される価値に限定されてきている. このように実質的正義については, 個々の計画や政策の策定時に, 社会の価値選択の場で確認あるいは再確認が可能だが, 手続き的正義の範疇にある計画プロセスの正しさについては, 個々の計画確定の場を超えて事前に成立していることが必要になるだろう.

ここではそれが成り立つ条件を考えてみたい. 一般論として, 計画を確定した際に計画が正当性を有するための「広義の正」の条件について, 計画決定主体の**正統性**を前提とすれば, それは**図5.7**に示したように, **計画自体の正当性**と**計画手続きの正当性**との2つで構成されると考えることができるだろう. 前者は**計画の目的設定の合理性**と**選択された手段の合理性**との2つを代表に挙げられる. これらは計画の「中身」に関わる条件である. それらに加えて当該計画を含む**計画体系の合理性**や**計画内容の合法性**など, 当該計画の体系における位置づけや法令や基準に照らした妥当性などの外形的で基本的な条件も必要になろう. これらの条件において, 真・善に関わるすべての事項が配慮されることになる.

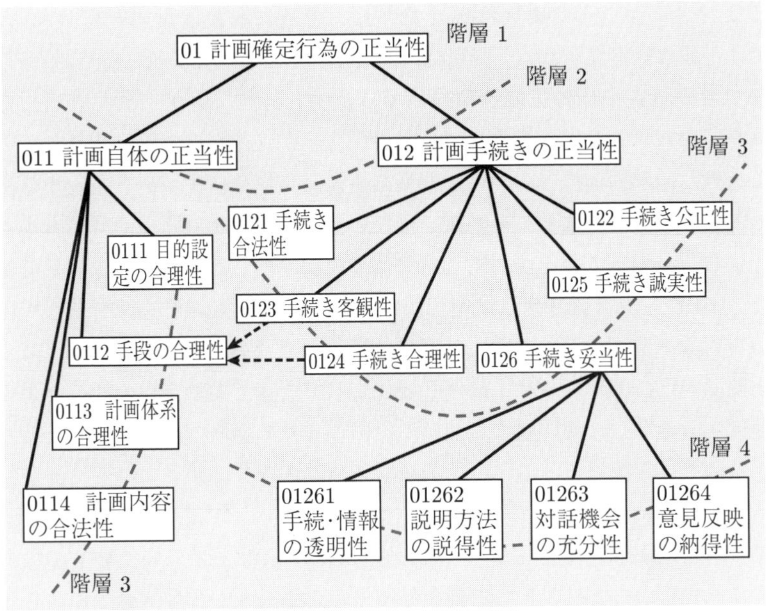


**図 5.7***　計画確定行為の正当性を構成する条件の全体像

一方，「計画手続きの正当性」については，「狭義の正」に関わる条件であり，まさに手続き的正義を計画確定行為の場面で検証するための条件ということができる．これは以下の 6 つの条件で構成されると考えられる．すなわち，

①**手続き合法性**（現在の法律手続きに反しないこと）
②**手続き公正性**（手続きが誰にも同じで一律性を有し，不正がないこと）
③**手続き客観性**（特定の人物の価値等から独立し，事実や客観データに基づくこと）
④**手続き合理性**（代替案の合理的な比較検討がなされ，瑕疵による遡及可能性が保証されることなど）
⑤**手続き誠実性**（手続きが丁寧になされ，実施側の誠意が示されること）
⑥**手続き妥当性**（手続きが社会通念等に照らして有効であり，社会で受容されること）

である．詳しくは [7] を参照されたい．

ここで，①から④の条件は必要条件として特に異論はないと思われるが，⑤の「手続き誠実性」という概念は，他と比べるとかなり異質に感じるだろう．本節で計画策定主体の**正統性**については説明していないが，公共計画や行政計画を主な対象としている本書では，計画主体が法律などで明文化されていることを概ね暗黙の前提としている（もちろん，市民や住民が自ら策定する法定外の計画を本書が対象としない訳ではない．そのような計画づくりでも本書の思想は有用と考えているが，両者を一体で説明することは必ずしも容易ではない）．すなわち，当該計画の策定・決定主体が法制度上，正統性を有している場合を対象としている．しかし，そうだとしても手続きをおろそかにしたり，最小限の対応に留めたりせずに，必要に応じて丁寧で柔軟な血の通った手続きを運営することが，人間同士が関わる計画づくりの場面では大切と考える．実際，この条件を抜いてみると，如何にも無味乾燥な条件が多いことに気が付くだろう．

また，⑥の手続き妥当性という概念もそれだけでは分かりにくいものであるが，これは①から⑤に含まれない条件である．手続きが社会通念等に照らして有効であり，社会で受容されるために必要となる現場の条件と考えている．法律等の要求事項に留まらない具体的な対応が，手続きの現場では必要となることが多いためであり，次の4つの条件に分解できると考えている．すなわち，

①**手続き・情報の透明性**（計画情報や手続きが広く公開されていること）
②**説明方法の説得性**（説明責任が全うされていること）
③**対話機会の充分性**（コミュニケーションが充分に行われていること）
④**意見反映の納得性**（計画づくりへの意見反映に社会が納得できることであり，これには意見が反映されない理由に対する納得を含む）

である．これらは市民参画プロセスとして進めるコミュニケーションの場面で必要とされる条件であり，対話・参加検討において注意深く吟味されデザインされることになる．

### 5.3.4 条件を確認する方法

以上に示したように，計画手続きの正当性を確保するためには，いわゆる手続き的正義に留まらない広範な条件が必要になることが示された．なかでも手続き妥当性というコミュニケーションに関わる条件を積極的に併せ持つことで，手続きの正当性を確保できるという考え方がここでは最も重要になる．ただし，このような条件を先験的にかつ定量的に確定した上でプロセスを開始することは困難であるし，現実的とも考えられない．そのため計画プロセスをデザインする段階で**相互主観的な受容**がなされることの必要性を指摘しておきたい．

その点を以下に説明する．**図 5.8** に示したように，「市民・住民等」は手続き妥当性が満たされた計画策定手続きに関わることで，計画手続きの正当性や計画内容の正当性に関わる情報を得て独自の判断をすることができるようになる

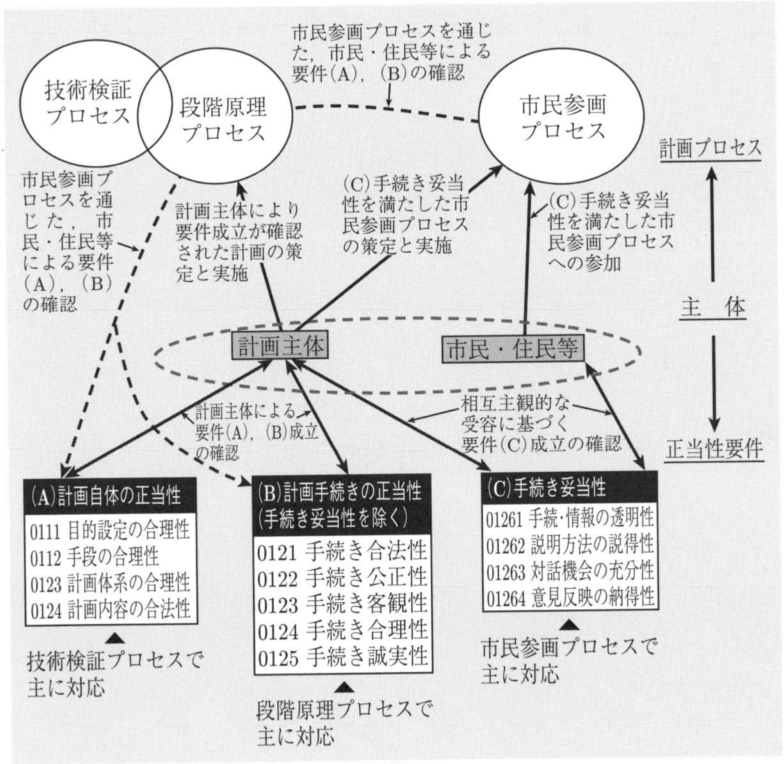


**図 5.8*** 計画確定行為の正当性を構成する諸条件確認の考え方

と考えられる．ここで手続き妥当性が満たされているか否かの判断は，相互主観的な受容という方法で行われる．

たとえば，米国の地域交通計画の策定開始前には**パブリックインボルブメント計画書**（PIP）を公表する必要がある．PIPは市民等との話し合いで確定されるため，計画検討の開始前にどのような市民参画を行うのか，どのような情報が提供されるのかなど，行政と市民等の相互で確認して承認することが必要となる．これが相互主観的な受容といえる仕組みの1つである．我が国の場合は，そのような制度はないが，発議の前に公開型の委員会を設置してPIPを策定するような取り組みは，**第7章**で説明する那覇空港の拡張計画や沖縄鉄軌道計画などでも行われており，現時点では日本の方式の1つと評することができる．

手続き妥当性が満たされているなら，計画の発議から継続的に手続きの正当性や計画内容の正当性の是非について，市民参画プロセスを通して市民等が自ら判断することが可能になる．もし，手続き上の問題がありそれが多くの市民等にとって深刻であれば，計画プロセスの途上で無視できないほどの異議が唱えられることになるだろう．手続き妥当性に配慮して運営していて，そのような事態が生じなければ，手続き上特段の問題がないとみなすことができる．これが相互主観的な受容の状態を確認する手段の1つである．手続き全体の是非が情報公開の下で判断可能になっているか否かが前提であり，誰も知らないという状況では相互主観的な確認が行えていないと言わざるを得ない．

以上によって「広義の正」，「狭義の正」を確認するための条件が示されたことになる．このような種々の条件を満たすことが原理的に可能な計画プロセスがデザインできれば，公共計画づくりの実践においても有用と考えることができよう．

## 5.4　3つの並行する計画プロセスの定立

### 5.4.1　基本的な考え方

以上によって，本書で提案する計画理論の基礎はほぼすべて提示された．**第4章**の**図4.2**に既に示したように，正邪の検討，真偽の検討，善悪等の検討の3つが相互に関係する理由は，「広義の正」によってすべてに配慮した検討を順次行うためであったが，正邪の検討を進める手順は前節までに解説した「段階原理プロセス」によることになる．このプロセスと対話・参加検討に基づく「市民参画プロセス」とが密接な連携をし，また科学・技術検討を段階原理プロセスの進行途上で逐次参照できるように同時進行させる「技術検証プロセス」として運用することが，「広義の正」からは必要になる．

これら3つの検討とプロセスの進行管理は，それぞれの判断基準をもとに行われる．**4.3.5項**に既に一部示したが，真偽は**客観的な判断基準**を原則とし，それが困難な対象は専門家集団を中心とする**相互主観的な判断基準**を持つことで対応できる．そのような判断基準については，情報公開されており，社会一般としても確認可能であることが重要である．一方，正邪に関しては，計画主体と計画に関わる関係者の相互主観的な判断基準を持つことが極めて重要である．計画プロセスに関して疑義が多数発生するような状況であれば，前節で示した各種条件のいずれかが社会で満たされていないと判断せざるを得ないだろう．

### 5.4.2　3つの検討がそれぞれプロセスである必要性

さて，科学・技術検討（科学技術を用いた分析検討，将来技術の検討），制度・手続き検討（手続き正義にかなう手続きの検討），対話・参加検討（様々な価値が表明される場の検討，善を選択するための条件の検討）が，計画策定にあたり必要となることは既に明らかにした．また，段階原理プロセスと称される制度化された手続き検討の場だけで，手続き正当性を確保することが困難であることも明らかになった．

技術的な課題が全く存在せず，価値の対立も生じていない計画対象であれば，段階原理プロセスの手順を踏むまでもなく，計画の決定が妥当とされるかもしれない．しかし，公共計画全般で考えると，ほぼ例外なく利害の対立が生じることから，そのような単純化できる機会は少ないだろう．

そのため，これら3種類の検討は，程度の差こそあれ，ほぼ同時に必要となるだろう．広義の正を満たすためには，真偽と善悪等の検討が必要になるが，それらは計画確定に至るプロセス途上で必要なため，正邪の検討を伴う段階原理プロセスと一体化したサブプロセスと考えることができる．そしてまた，科学・技術検討と対話・参加検討の取組みについても，以下の理由からそれぞれに段階的なステップを踏むことが必要になる．

科学・技術検討では，**図 5.9** に示したように，データ収集から現状把握・分析，将来予測，代替案比較に至る各段階で技術的な検討を必要とし，かつそれぞれの段階の検討にはそれ以前の情報が必要になる．

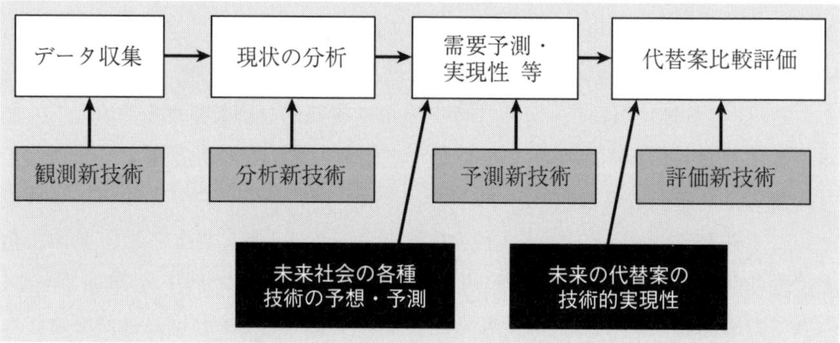


**図 5.9**　科学・技術検討がプロセスとして行われる場合の検討内容例

以上の説明はフォアキャスティング（現在から未来を考えること）に対する手順であるが，バックキャスティング（未来から遡って現在を考えること）によって計画の技術的な検討を行う場合も含め，計画の発議前にそれらすべての検討を行っておくことは可能である．ただし，計画プロセスの途上でコミュニケーションを踏まえて新たな分析の必要が生じたり，計算に修正を加えることが望まれたりすることがあるだろう．そのような柔軟な体制を用意するためにはプロセスとして設計しておく必要がある．

また，**図 5.10** に示したように，対話・参加検討においても，計画の発議の段階で手続き妥当性の条件を満たすコミュニケーションが予定されていることを明らかにしなければならない．そして段階原理プロセスの進行に応じて，それらの条件を相互主観的に確認できるように，コミュニケーションが継続して

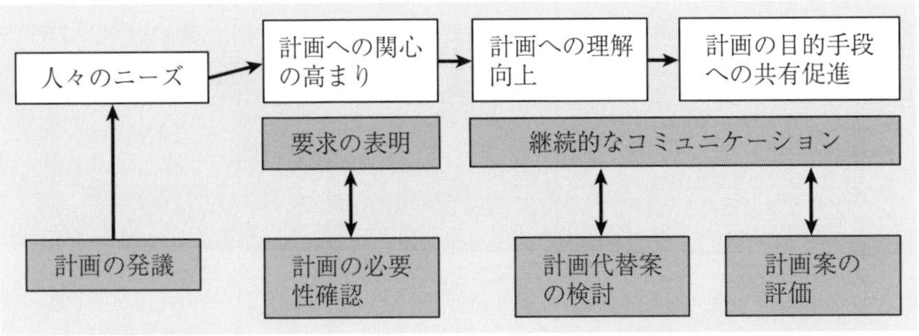


**図 5.10**　対話・参加検討がプロセスとして行われる場合の検討内容例

いる必要もある．コミュニケーションの内容は段階原理プロセスの進行に伴って変化し，それまでの内容を踏まえたものとなるだろう．そのように動的に変化するコミュニケーションを手続き妥当性の確認と共に運営するためには，コミュニケーションについてもプロセスとしてデザインしておく必要があるだろう．

これら2つの検討の終了時には，それぞれのプロセスとしての成果の集約が真と善に対応した成果として必要になると考えられ，それらはレポートとしてまとめることができる．以上より，科学・技術検討と対話・参加検討についても，プロセスを構成する必要があると結論付けることができる．そこで本書では，それらを**技術検証プロセス**，**市民参画プロセス**と呼ぶことにする．

### 5.4.3　3つの並行する計画プロセスの基本図

以上より，真・正・善に対応する計画プロセスについて，基本的な事項を書き込んで図示すれば，**図 5.11** のようになるだろう．本書ではこれを **3つの並行する計画プロセス**と呼ぶ．計画ごとに詳細は異なるが，技術検証プロセス，段階原理プロセス，市民参画プロセスの3つが並列に配置されたプロセスであることは共通するだろう．計画検討において必要な開始と終了，すなわち，計画の発議と計画の決定については，中央の段階原理プロセスに配置される．発議から決定までの間には段階原理プロセスとしてほぼ共通な検討のステップが置かれている．

そして段階原理プロセスの各ステップに対応させて，技術検証プロセスと市民参画プロセスが並行して進められるように描かれている．技術検証プロセス

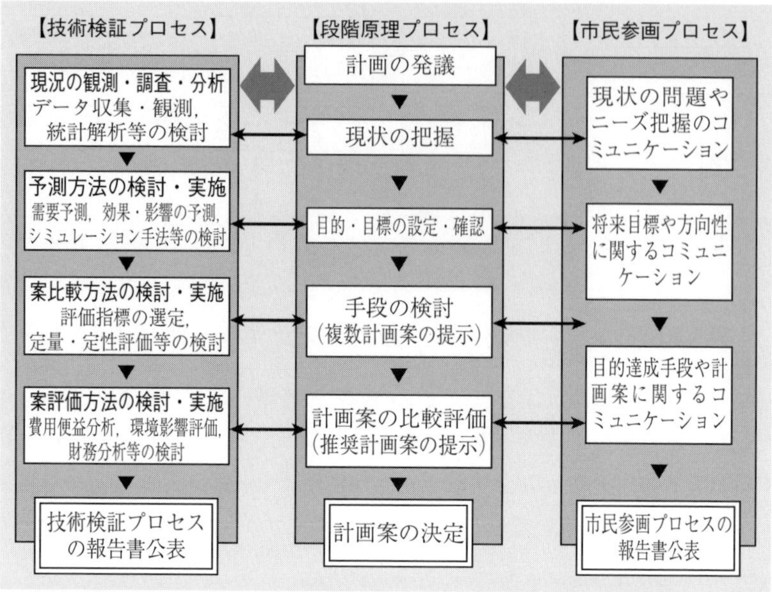


**図 5.11**　３つの並行する計画プロセス（基本的な事項記載）

で提示される科学・技術検討の成果については，発議以前に終了しているものも多いと想定されるが，たとえば現地観測やアンケート調査の実施のように計画策定中に行う取り組みもあるだろう．また，市民参画プロセスを通じて得られた意見をもとに，改めて技術検証プロセスで対応する事項が現れることもあると考えられる．これら２つのプロセスの終了前後には各プロセスの検討内容を報告書等として確定する行為が置かれることが実績をエビデンスとして示すために必要になることは前項にて述べた．

## 5.5　3 つの並行する計画プロセスの運用手順

### 5.5.1　運用の手順

前節にて定立した 3 つの並行する計画プロセスを，実際にどのように運営できるのであろうか．その点について，ここでは計画の発議から順を追って，**図 5.11** に示したプロセスの手順に従い，段階原理プロセスの進行に沿って説明する．

①**計画の発議**：計画の発議によって，計画プロセスの概ねの全体像が公表される．段階原理プロセスを主軸にして，3 つのプロセスの同時進行により，計画の発議から決定に至るタイムラインが公表される．また，市民参画プロセスの全体像が公表され，手続き妥当性に関する相互主観的な受容の確認が行われる．コミュニケーションを多段階で多面的に実施することを前提に，計画検討の各ステップで何を確認して次に進むのかを示し，合理的に進捗管理する方針が示される．なお，プロセスを一度公表したら変えられないと思わずに，必要に応じて改善を図ることが重要である．

②**現状の把握**：計画の種別にもよるが，概ねこのステップが置かれて，現状の課題などがレビューされる．既存のデータ等による分析結果が技術検証プロセス側から示され，下記の③と共に計画の必要性の確認が行われるステップでもある．また，アンケート調査などが企画実施されることも少なくない．

③**目的・目標の設定・確認**：現状の分析結果を踏まえ，当該計画の上位計画等に定められた当該計画の必要性，あるいは当該計画で独自に確認すべき必要性などの検証が行われる．上位計画であればこのステップで初めて計画目的や目標が検討されることになる．このステップに対応する市民参画プロセスにおいては，市民や住民等の関心ごとを広く確認する必要があり，オープンハウスによるコミュニケーション，ニューズレター配布による情報提供，アンケート調査，メディアを活用した意見公募等が様々に展開される．

④**手段の検討**（計画代替案の設定・比較検討）：ここでは必要に応じて複数のステップに細分化して複数代替案から1つの計画案に絞り込む検討が進められる．市民や住民等から新たな提案を受け入れる柔軟なコミュニケーションが必要と考えられ，オープンハウスなどが有効とされる．各代替案を社会面，経済面，環境面，あるいは防災面等から特徴付けるために，技術検証プロセスで行われた調査・分析・予測等の成果が活用される．このステップで得られた意見に対しても**5.5.2項**に示す整理を行い，対応できることとできないことに区分した上で，計画策定主体の見解を取りまとめて公表する．

⑤**計画案の比較評価と推奨計画案の提示**：ここでは段階原理プロセスの最終段階として，計画案の比較評価と推奨計画案の提示がなされる．定量的，定性的な評価項目によって特徴づけられた代替案間の優劣をもとに，計画決定主体が総合的な判断を行うことが一般的であり，費用便益比のような単一指標や集約化した単一指標等による選定を行わないことが肝要とされる．そもそも複数の評価指標の信頼性や精度に相違があり，それらを単純に集約することが危険なことに留意する．技術検証プロセスにおいて得られた様々な技術的な成果や情報，市民参画プロセスにおける市民との対話，住民同士の対話，関連する多くのコミュニケーションの取組みを通じて得られた様々な知見等が総合的な判断において重要な情報になる．コミュニケーションとしては，この段階までに行われた方法がここでも用いられるが，さらに公聴会や説明会など比較的フォーマルな形式のコミュニケーションを行って社会的合意形成としての確認を図ることも少なくない．

⑥**計画案の決定**：以上のプロセスを踏まえて，計画策定主体による計画案の決定行為が行われる．

### 5.5.2 ステップを進める判断と収集された意見の整理

計画の種類にもよるが，自治体の総合計画や都市計画マスタープランのような上位計画では，市民の大きな関心を集めることが難しい場合が少なくない．それでも，その後の個別計画との関係などを考えて，可能な範囲で積極的な市民参画プロセスの実施が望まれる．一方，社会基盤の構想段階などでは，交通やエネルギーなどの施設の位置や規模が検討対象となるため，その段階から比較的多くの関心を集めると予想される．**5.5.1 項**に述べた各ステップのコミュニケーションにおいて，広く意見が出尽くし，意見の種類・内容としてはほぼ収集されたと考えられれば，それらの意見を以下の考え方で整理して，次のステップに進む判断を行うことが可能と考えられる．

収集された意見を整理して対応する方法については，市民や住民等の関心ごとに着目し，ボタンのかけ違いを防ぐように工夫して行う必要がある．単に賛成反対の意見を集めてしまうと，その後の計画検討上の対応の手掛かりを得られなくなることも少なくない．一方，集められた意見については，それらを3つのプロセスのうち，どのプロセスのどこで対応可能か整理することが望ましい．3つの関心ごとに関わる多様な意見のうち，(a) データや予測等に関わり，技術検証プロセスで対応すべきこと，(b) 計画の進め方等に関わり，段階原理プロセスで対応すべきこと，(c) 個人的な価値の表明に分類され，市民参画プロセスの進捗に合わせて議論されるべきこと，の大きくは3つに区分けする．そして，それらを各プロセスに関与する第3者機関等に諮り，対応方針について客観的な判断を仰ぐことなどが考えられる．

ここで第3者機関には，技術検証プロセスに対して当該計画分野に関わる専門的な立場から助言する専門家委員会や，段階原理プロセスや市民参画プロセスに対して手続き正当性等の観点から助言するプロセス検討委員会などが考えられる．また，比較的小規模の計画では，様々な分野の有識者や団体などで構成される有識者会議等が設置されて，計画づくりの全般に助言する場合も少なくない．

なお，収集された意見を第3者機関等に委ねるための整理については，ハーバーマスの提案した4つの妥当要求の考え方を参考にすることができる．また，実際に膨大な数の意見を整理することが必要になることから，近年の機械学習を用いた最新の言語処理技術を積極的に応用して分類などに活用することも検討されるようになっている．市民参画プロセスの内容については，改めて**第7章**で詳しく解説する．

## ◆◆本章のまとめ◆◆

本章では**第4章**の計画の哲学を受けて，計画の基本方程式として，技術検証プロセス，段階原理プロセス，市民参画プロセスという3つのプロセスを同時に進める「3つの並行する計画プロセス」という考え方を解説した．このうち段階原理プロセスは歴史的に定着してきた計画検討の手順であり，それを活用しつつ現代社会で広義の正として成立させるために，技術検証プロセスと市民参画プロセスとを同時に運営する必要性を理解した．さらに計画プロセスを設計し運営する際に必要となる要件についても学んだ．特に計画確定行為が正当化できるためには，計画自体の正当性と計画手続きの正当性との両方が必要であり，後者には手続き妥当性と呼ばれる市民参画の要件が必要になることを理解した．

## 5章の問題

□ **5.1** 次の各問いに答えよ．

(1) 計画確定行為の正当性が，正邪に対応する段階原理プロセスでどのように確認されるのかを考察せよ．

(2) 手続き妥当性には4要件があるが，それらがどのように満たされるのか考えてみよ．

(3) 3つの並行する計画プロセスの本質は何かを考えてみよ．

□ **5.2** 自分が住む市町村の基本計画や都市計画マスタープラン等を改定する場合を想定して，3つの並行する計画プロセスによって計画策定のプロセスの概要を設計してフローチャートで描いてみよ．

# 第 6 章

# 科学・技術検討と技術検証プロセス

土木計画の策定のための科学・技術検討と技術検証プロセスの両者を理解する．様々なデータの存在や各種分析方法を知り，特にランダム効用理論に基づく予測方法等の理解を深める．計画と評価との関係を知り，計画を評価する各種方法とそれらの性質を理解する．

## 6.1 科学・技術検討と技術検証プロセス

### 6.1.1 計画策定と技術の関わり

既に**第4章**で説明した「科学・技術検討」と本章で学ぶ「技術検証プロセス」との違いを明確にしておこう.「科学・技術検討」は物事の「真偽」に関わる検討を科学・技術に基づいて行うことであった. 特に事実に関わる検討が中心になり, 当該計画の発議前や計画の策定後にも行われる行為である.

他方,「技術検証プロセス」は, 計画の「発議後」に「3つの並行する計画プロセス」の1つとして進められる科学・技術検討の行為をさし, 当該計画の目的や手段が及ぼす効果や影響について, 科学・技術を活用して検証することである.「技術検証プロセス」では, 計画の発議前に準備された成果も活用するが,「市民参画プロセス」からの要請によって, 計画策定途上で新たな検討を加える必要があるため, プロセスとして位置付けられることは**第5章**で説明した通りである.

さて,「技術検証プロセス」で扱われる「技術」について改めて考えてみる. これには2つの意味がある. 1つは「分析技術」であり, 計画の目的・手段の効果や影響を分析するための「技術」が該当し,「技術検証」という言葉が**技術による検証**という意味で使われる. たとえば, 観測技術, 分析技術, 予測技術, 計画評価の技術などが該当する.

もう1つは「新技術」という意味であり,「計画」の対象や手段を構成する「新しいテクノロジー」をさし,「技術検証」という言葉が**技術に対する検証**という意味で使われる. たとえば, 建設技術, 管理・運用技術, 鉄道や自動車の自動運転技術, 航空管制技術, あるいは未来のモビリティ等の将来の実現可能技術なども対象になる. 未来社会に向け新技術が様々な影響を及ぼすと予想されることから, それらの計画上の位置付けを検討する必要があり, 計画手段（代替案）としての新技術が検討対象になる場合もあるだろう.

### 6.1.2　計画策定時の技術検証の対象

計画策定時の「技術による検証」の対象として，

①手段の実行による目的の達成（因果関係）の分析あるいは予測
②手段の実行による副次的な効果・影響の把握
③目的の確定，共有で生じる効果・影響の把握

という3つを挙げることができる．ここで①と②が計画による主要な効果ということができる．本章ではこれらの分析技術を主な対象として以下に順次説明していく．

一方，③については，特別な効果ともいえるのでここで説明しておく．③は「目的の共有」等によって顕在化する効果等をさし，個々の手段によって達成される効果や影響とは異なる．一般に計画は具体的手段を通して実行され，その効果は費用便益比などの定量的指標で事前に予測評価可能である．ただし，具体的手段が計画目的のすべてをカバーできていないことは少なくない．

たとえば，環状道路整備が計画の手段だとしても，その計画の目的が上位計画とも一致した都心の環境改善や都市全体の防災・安全の向上であったとしよう．当該道路周辺とは別の地域で，この整備と同時期にこの計画目的に共感した利用者の意識変化や行動変容があったとすれば，それは計画の目的のもたらす効果であって，広くいえば当該計画の効果ということができる．

すなわち，計画の目的に共感し，目的を共有できた人々の協力行動など，特定手段に関わる因果関係では測れない効果も存在すると考えられる．そのような効果を計測することは一般に困難であるが，だからと言って計画の広い効果を軽視することは好ましくない．

### 6.1.3　技術検証と専門家の有する価値

一例であるが，善悪等に関わる真偽判断として，「ある構造が美しいというのは真か偽か」という命題があったとしよう．明らかに美醜に関わる個人による絶対的な価値判断である．そのため客観的判断基準は存在しないということになろう．これを「ある構造は周辺環境に調和しているというのは真か偽か」という命題に置き換えてみる．この場合は「周辺環境への調和」という相対的な価値が論点になり，「環境への調和要件」を客観的に示して，それを社会の基準として認定できるなら，適合判定はその範囲内で一定程度，客観的であり技術的であるということができる．

もしそうなら，そのような元々，美醜に関わる判断であっても，計画づくりの科学・技術検討において，客観的基準作りという観点から検討が可能である．すなわち，環境への調和のように，現象の因果関係を直接分析する事実に関わる事項でなくとも，技術検証プロセスの対象に含めることが可能である．

**第4章**で既に整理したように，「科学・技術検討」の際に，「事実の認識は専門家を含む人々の有する価値から独立ではない」という理解をしておくことは重要である．そのこともあり，以上に示したように客観的な判断の基準を設けることが，美醜などでも必要になる場合があることは明らかである．

さらに言えば，本章で学ぶ予測や評価の方法についても，その検証に用いる予測技術や評価技術のそれぞれが，対応する特定の価値に依拠している可能性を否定できないことも，同時に理解する必要がある．そのため，土木計画ではたとえば，伝統的な費用便益分析を用いた効率性の指標だけで計画を評価しないという考えがほぼ共有されている．この点は**6.4節**で解説する．

## 6.2　統計・データと分析・予測

### 6.2.1　統計・データ

次に土木計画の分野で活用される統計やデータについて簡単に触れておこう．

まずGISデータとして，**国土数値情報**（国土交通省）が整備されている．これには，水域，地形，土地利用，行政区域，災害・防災，各種施設，地域資源，交通，人口等の様々なデータがポリゴン，メッシュ，ポイントなどの形態で整備されている．

また，**国勢調査データ**（総務省統計局），**工業統計メッシュデータ**（経済産業省），**商業統計メッシュデータ**（経済産業省），**地域間産業連関表**（経済産業省），**産業連関表**（総務省），**地価データ**（地価公示，基準値価格など），交通量や交通調査データ（国土交通省など），あるいは気象観測・予測データ（気象庁）など多方面のデータが提供されている．

各地方自治体が提供する統計データやGISデータなどもある．最近はデータの公開を積極的に進める地方自治体が増えていることから，計画や政策に関わる技術検討については，行政の内部に限らず広く一般に利用できる環境が整いつつある．

統計とは別に様々な**ビッグデータ**が収集され，一部は提供されて技術検討に活用されている．たとえば，携帯電話基地局データ（モバイル空間統計など），様々なアプリで取得されるスマートフォンの**GPSデータ**，Wifiの接続データ，自動車やシェアサイクルに搭載されたGPSデータ，航空機の航行軌跡**ADS-Bデータ**，鉄道旅客のICカードデータ，ライブビデオの画像処理データ，各種センサーや検知器データなどである．これらは個人情報保護との関係に十分に配慮しながら一定程度活用が進んでいて，新たなビジネスの機会をも生み出している．

**図6.1**には東京のシェアサイクルの空間的な移動パターンを示してみた．また，**図6.2**には羽田空港への航空機の到着ルートの航跡が表されている．これらは共にGPSデータをもとにしたものであり，時々刻々と収集された3次元座標に時刻を加えた4次元データであり，日々蓄積されることからビッグデータに類するものといえる．

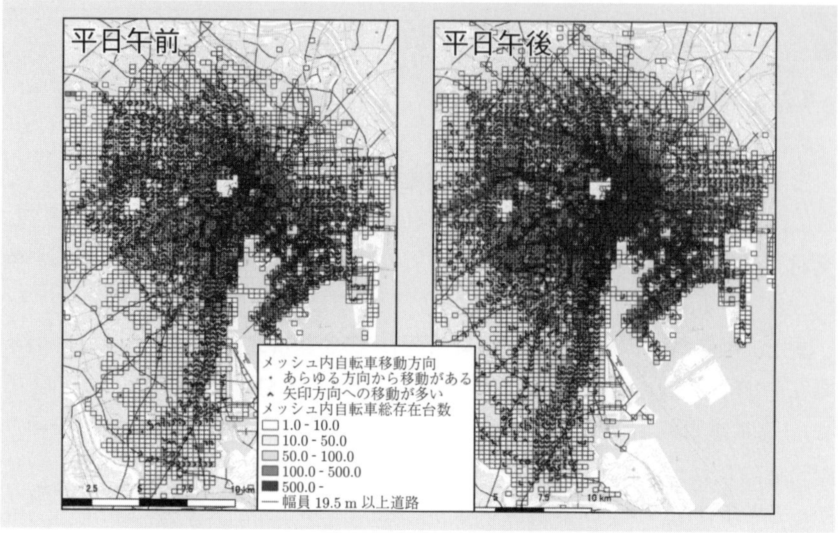


図 6.1*　シェアサイクルに搭載された GPS データの分析例

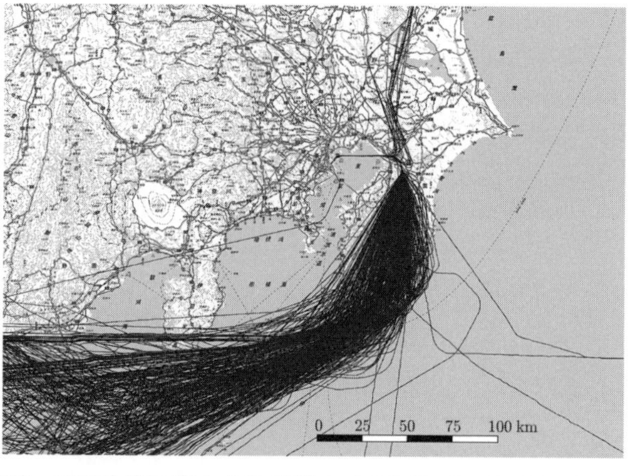


図 6.2*　羽田空港に向かう航空機の ADS-B データ（GPS データ）

### 6.2.2　観測と調査

#### (1)　観測や調査の原則

計画を策定する際に，独自に観測や調査を行うことは少なくないが，ファクト（事実）を収集することが求められることから，「計画に用いるデータ収集」

としての「観測と調査」には，細心の調査設計と調査実施プランとが必要になる．たとえば，**第2章**で解説した交通需要予測のためには，**パーソントリップ調査**と呼ばれる大規模アンケート調査が我が国の主要都市でも長らく行われてきた．なお，そのように緻密なプランのもとに調査を実施しても，データには人や機器が介在する限り，観測・調査上の誤差が必ず含まれる．また，曜日・季節変動，気象条件による変動等，様々な要因でデータの変動があることから，特定の日時の観測では，サンプルの代表性の有無が問題になることも少なくない．

そこで，どの程度の誤差であれば許容できるかを事前に検討した上で，調査結果として要求される精度に応じたサンプル数を決める必要が生じる．これには，**標本調査法**を用いることができる．標本調査法は，できるだけ少ないサンプルで母集団の母数平均を推定するための方法であり，許容する誤差のレベルに応じて必要サンプル数を決めることができる．ただし，誤差の発生原因が様々であることから，調査規模が決まったとしても，所要の精度を確保するために，実査における質の管理が極めて重要になる．

なお，標本調査法のもとになる**標本統計学**は，小サンプルで母集団を推定することに主眼がある．他方，前項にて述べたように近年はビックデータが日々収集されて膨大なサンプルが存在する状況にある．アンケート調査データとは情報の質が異なるため，計画づくりへの活用目的も異なる場合が少なくないが，ビッグデータに対しては，そのままでは小サンプルを前提に構築された統計的検定方法が利用できない場合があることに注意が必要である．

### (2)　交通調査の方法

人々の移動や旅行等の交通量を観測することや，移動する人に直接アンケート調査などを行って詳細な情報収集をする場合も少なくない．交通に関わる調査の目的には，①交通の現状や問題点の把握のため，②交通現象の分析のため，③交通需要予測のモデル作成のため，④都市計画などの基礎資料として利用するため，などが考えられる．調査方法については，(1) にて述べたように，一般に標本調査が企画されて必要サンプル数が決まり，抽出されたサンプルを用いて母集団の平均値などの推定，平均値の差の検定等が行われ，また③の目的でモデルのパラメータ推定などが行われる．

各分野で観測の仕方は異なるが，ここでは交通流動に関わる観測や調査の典型的な方法を示しておく．まず，交通観測による調査の方法のうち，交通量観測調査として，**電磁式車両感知器**，**超音波式車両感知器**，**ビデオ画像解析**などが行われる．また，交通密度を推定するためには，**航空写真**，**衛星画像**などが用いられることがあり，交通速度調査には，感知器，実走行，**プローブカー**（長期間継続的に可能）などがある．さらに，移動体情報を得るために，被験者の同意に基づくGPSデータの活用などがある．

#### (3)　データ収集と効果検証の実践的な方法

また，データ収集と分析・効果計測とを一体的に行う方法として実験的な方法論が様々に開発されてきた．特に，**ランダム化比較試験**は1948年に薬品試験で実践的な活用が始まり，その後，臨床医療の現場から，教育，貧困，健康等の社会分野に広く展開されてきた．これは被験者をランダムに介入群と対照群に2分割して，介入群にのみ投薬や治療などの介入を試みたのちに2群の効果の差を統計的に検証する方法である．他への移転可能性は保証されないものの，対象とした被験者群においては明快な効果を検証できる利点があることから，**6.4節**にて述べるプログラム評価のように毎年の予算配分に関わる短期的な評価などの場面で活用されてきた．

なお，実験的にデータ収集を行う研究姿勢は，**アクションリサーチ**と呼ばれ，ランダム化比較試験と同時期に医療分野で開始された研究スタイルである．計画，実践，観察，振り返りのサイクルによって，現場のデータを当事者として収集する取り組みとして行われてきた．土木計画の分野では，**社会実験**といわれる取り組みが従来から広く行われており，現場で試行的に取り組んでデータを収集し，また社会的な受容可能性について知見を得ることを目的に多くの事例が積み重ねられてきた．

最近では参加型の計画策定プロセスにあって，計画策定中に計画の目的や手段に関わる実験や試行を行うケースも増している．そこでは参加型の計画づくりの実践を通して，より多くの市民等に計画の周知やその目的の共有を図ることをねらいとする取り組みが行われている．

### 6.2.3　分析と予測

#### (1)　分析の理論

データ分析の理論や方法論については以下のようなものがあり，広く活用されている．すなわち，**統計的検定・推定**（**実験計画法**，**重回帰分析**，**最尤法**等），**多変量解析**（**主成分分析**，**クラスター分析**，**因子分析**等），**離散選択理論**，**統計的因果推論**，**構造方程式モデル**，**機械学習**，**シミュレーション分析**，**選好のモデル分析**（**コンジョイントモデル**，**ランクロジットモデル**等含む），**離散選択モデル**（**ロジットモデル**，**プロビットモデル**等），**プロスペクト理論**，**費用便益分析**，**産業連関分析**，**計量経済分析**，幾つかの評価理論等である．**図 6.3** に示したように，これらの分析技術をデータ収集技術と適切に組み合わせて活用することで，土木計画分野のデータ分析が行われている．紙面の都合上，ここでは詳細を省略するが，必要に応じてそれぞれの専門書を参照されたい．

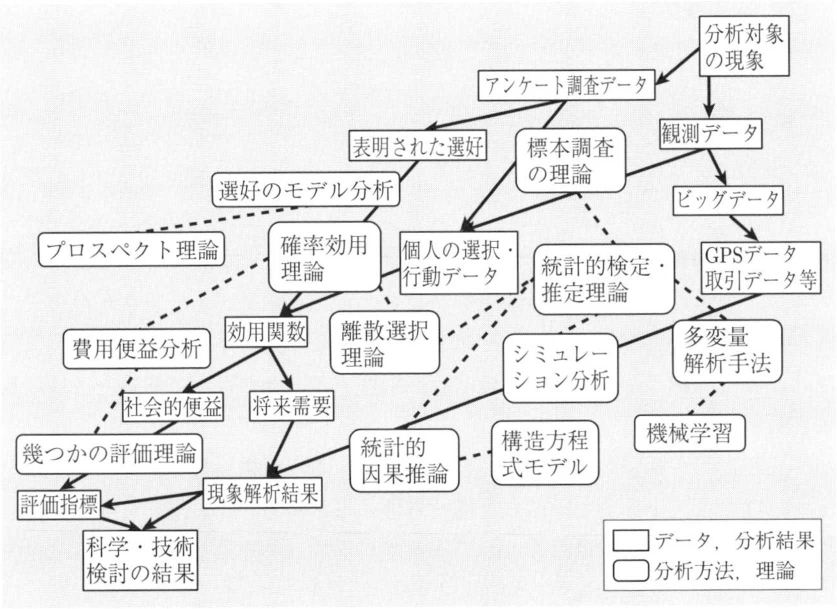


**図 6.3**　計画分野の主な分析理論とデータの概要

### (2) 機械学習を用いた分析

近年のデータ量の蓄積とそれらのオープンデータ化による分析可能データの増加は，従来の統計手法だけでは十分な理解が進まない状況を生み出している．特定の仮説を前提としてデータ解析を行うばかりではなく，**データマイニング**に見られるように，目の前の膨大なデータから何らかの法則を見つけ出すような分析の機会も増している．そのような場合に**機械学習**の方法が活用されることが多い．従来のアルゴリズムも含まれるが，次のような方法でデータの分類や予測などが行われている．すなわち，**最小二乗法**，**決定木**，**ランダムフォレスト**，**k近傍法**，**ロジスティック回帰**，**サポートベクターマシン**，**ニューラルネットワーク**，**主成分分析**，**トピックモデル**，**k平均法**，**自己組織化マップ**，**アソシエーション分析**等であるが，それぞれの詳細は紙面の都合上省略する．

### (3) 因果推論

6.2.2項にて述べたランダム化比較試験のようなデータ収集段階から介入できれば，介入の因果関係を結果から直接検証することができるが，そのようにコストのかかる方法が常に行えるとは限らない．そこで施策の実施前後のデータを収集するだけで，因果関係を推論するための方法論が開発されてきた．たとえば，土木計画の対象では，複数の施策が継続的に実施されることが多く，特定の因果関係を抽出して検証する環境は必ずしも整っていない．そのため介入のランダム化は困難な場合が少なくない．ただし結果として得られたデータを対象地域とそれ以外の地域などに分離できるなら，時系列的な差の差を比較することで，因果関係の存在を概略的に把握することが可能である．これは**差の差分析**と呼ばれる．

さらに，因果関係の構造を想定して対象とする現象の仮説を立てて，それを実際に確認的因子分析と呼ばれる**構造方程式モデル**として表現した上で，施策の前後のデータを当てはめることによってパラメータ推定を行い，因果関係の有無をパラメータの相違から検証しようとする研究等も試みとしてある．

### (4) 行動仮説に基づく消費や選択のモデルについて

以上は計画の手段と目的の関係が社会現象の原因と結果の関係と同等であることから，データを用いてそれらの因果関係を統計的に推論する方法であった．そのことによって計画の合理性を事前に検証することが可能になる．一方，計画によって影響を受ける人々の行動などについて，それらを先験的な行動仮説に基づいてモデル化し，そのモデルで表現された因果関係を前提として計画の効果を分析する方法も伝統的に行われる．

たとえば，**バースモデル**は消費者の行動を革新的に購買行動を行う**イノベータ**と，そのような購買行動を眺めていて追従する**イミテータ**との2者に分けた行動仮説のもとで，商品などの普及をモデル化した伝統的な方法であり，**ハフモデル**は消費者の商業地の選択が距離と規模に応じて決まるという構造のモデルとして古くから用いられた．一方，**グラビティモデル**は万有引力の法則を交通現象に当てはめることで，互いに人口が多く距離が近い地域間ほど交通量が多いという構造のモデルとして提案され，長い間実用的に用いられてきた．**エントロピーモデル**は，交通流動の分布状態が情報論的エントロピーで表現されると考えるモデルであり，**ロジットモデル**はグラビティモデルと似た形式のモデルではあるが**6.3節**にて述べるように**ランダム効用理論**に基づく理論的背景の明快なモデルとして定式化され，効用の大きな選択肢を選ぶ現象を表現するモデルとして現在に至るまで実用的に活用されている．

これら以外にも，**コンジョイントモデル**のように線形効用を仮定して選好順位のデータ等をもとに要因の重みを推定するモデルや，**プロスペクト理論によるモデル**のように参照点の前後で効用の増減が非対称になる選択モデルなどもあり，土木計画の政策手段の実行によって人々の行動がどのように変化し，その結果，計画の目的にどのような効果や影響を及ぼすかなどを分析することが可能になっている．

### (5)　シミュレーションによる交通や移動の分析方法

以上に示した選択行動等のモデル化を行って将来需要を予測する方法とは別に，シミュレーションによって様々な現象を分析し予測する方法が大いに発達してきた．たとえば，交通の流動・挙動のモデル化のための**マイクロシミュレーション**の活用は1990年代から急速に発展してきた分野である．個々の車両を都市のネットワーク上で，一定のアルゴルズムに従って同時に発生・移動させることで，都市全域や特定街区における交通現象を再現し，また施策の効果を分析する方法である．一例として**図6.4**に東京の京浜臨海部におけるシミュレーション分析の様子を示す．気象分析のシミュレータと統合して利用することで，環境道路課金による交通流の変化が地域の大気環境にどのように影響するかを分析している．このようなシミュレーションは近年，歩行者の平時あるいは緊急事態下での挙動分析や自転車などを含む交通分析，あるいは航空交通や鉄道など様々な分野で大いに活用されている．

また，自動車の運転挙動をバーチャルリアリティ（VR）空間で再現することを目的に，**ドライビングシミュレータ**の開発も世界各国で進められてきた．**図6.5**に小型シミュレータの開発および分析の例を示す．このようなシミュ

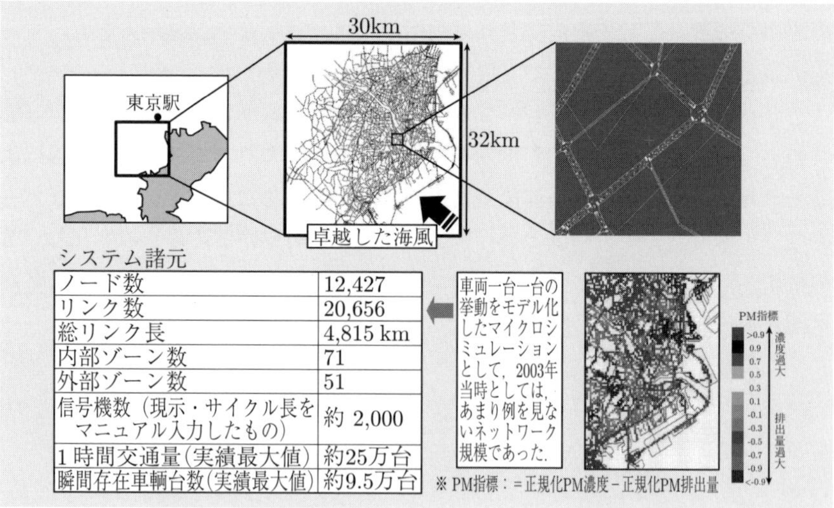


| | |
|---|---|
| ノード数 | 12,427 |
| リンク数 | 20,656 |
| 総リンク長 | 4,815 km |
| 内部ゾーン数 | 71 |
| 外部ゾーン数 | 51 |
| 信号機数（現示・サイクル長をマニュアル入力したもの） | 約 2,000 |
| 1時間交通量（実績最大値） | 約25万台 |
| 瞬間存在車輌台数（実績最大値） | 約9.5万台 |

**図6.4***　交通マイクロシミュレーションによる分析例

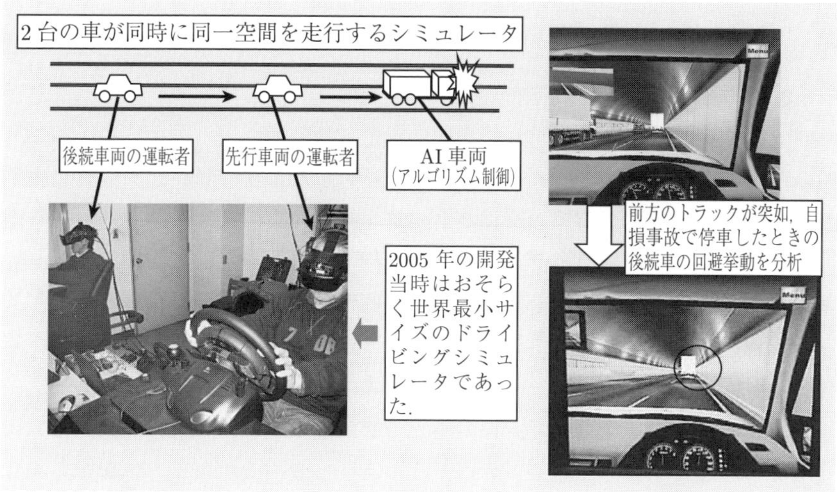


図 6.5* ドライビングシミュレータの開発による分析例

レータは自動車ばかりではなく，航空機のフライトシミュレータとしても良く知られている．最近では歩行者シミュレータなどへの展開も大いに進んでいる．この背景にはヘッドマウントディスプレイの高性能化，低価格化などが貢献している．シミュレータを用いた分析では，運転者の意識や心理データ，生理データなどを心電計，皮膚電位計，脳波計等を用いて収集することで，交通挙動の安全性に関する研究などが数多く行われるようになっている．

また，このような交通流や交通安全の分野とは別に，**自然現象のシミュレーション**分析も大いに進展しており，災害に関わる津波のシミュレーションや台風進路のシミュレーション，集中豪雨等のシミュレーション，洪水による浸水高さのシミュレーション，あるいは温室効果ガス排出やエネルギー消費のシミュレーションなどに至るまで，土木計画に関わる防災や環境など，様々な分野のシミュレーションのシステムが開発され活用されている．それらを技術検証プロセスの実施場面でも適宜活用することができるだろう．

# 6.3 ランダム効用理論と需要予測

## 6.3.1 効用理論による予測の意義

将来の交通需要のように計画に必要になる数値情報を，どのように予測して得ることができるであろうか．**6.2 節**にて説明したようにビッグデータを用いた機械学習によって，将来の交通パターンを推定することも可能である．しかし，ビッグデータをブラックボックスで分析することで，仮に短期的な予測の精度が向上したとしても，それだけでは計画情報として十分とはいえない．

土木計画で必要とする計画情報には，より長期の予測データがある．自然現象であれ人々の行動であれ，その現象のメカニズムを原理として理解した上で予測を行うことが望ましい．人間の購買や移動などの行動であれば，行動仮説をもとに理論を構築し，行動の原因となっている要因を理解し，仮説を具現化したモデル構築によって予測を行うと共に，実際の行動結果と照らし合わせることでモデルの妥当性を検証できることになる．そのような因果モデルの構築が望まれる計画対象は少なくない．

人々の行動の原理として用いられてきた仮説の1つに**効用最大化**がある．人々が各々の効用を最大化する選択肢を選ぶとするモデルである．このようなモデルの考え方は，通常の個々人の経済行動を説明する上では比較的扱いやすく，また合理的なモデルであると考えられてきた．実際には異なる事情で選択肢を選ぶ場合もあるが，通勤や買物など日常の行動であれば，各人が各々の効用を最大とする移動手段を選択すると考えることに，さして問題はないという見方もできる．経済合理的な理論に基づく行動モデルを用いた方が，単なる相関モデルや機械学習モデルで予測するよりも，社会的な説得性が高いと認識されてきた面もある．

そのような面から良く知られたモデルに，ランダム効用理論に基づく**非集計行動モデル**が挙げられる．同モデルによって，様々な目的の交通行動や，居住地，業務地あるいは自動車保有などの選択，都市活動や消費活動に関わる選択行動の予測が実用的に行われてきた．ランダム効用理論はマクファーデンが2000年にノーベル経済学賞を受賞したことからも話題になったが，ミクロ経済学理論に基づく定式化を行った理論体系である．効用関数が確定項と確率項（ランダム項）との和で表現できると仮定して，離散選択の情報を用いて最尤推定法によって効用関数のパラメータ推定を行う一連の体系である．当初のモデルでは，**効用最大化**の選択にあたって，個々人が完全情報を持ち，微小な効用差までを識別可能で，複数の要因を同時に考慮する加法的効用関数が仮定されていたが，そのような強い**経済的合理性**の仮定を弱めたモデルや理論がその後次々と開発されている．ここでは基本的な考え方のみを説明しておく．

### 6.3.2　ランダム効用理論

効用理論の基礎に関する解説は他の書籍に譲るとして，ここではランダム効用の定義から入ろう．下記のように効用が確定項と確率項との和によって表されるとするのが，**ランダム効用理論**の基本式である．各人の効用関数は，外部から完全に観測することはできないので，モデルを作成する側にとって，必ず不確定な未知の部分が残る．それを誤差として捉えるために確率項が加わるのである．回帰分析で観測誤差を仮定することと同様と考えれば良い．このような誤差の存在を仮定して効用関数を定義した点にこのモデルの特徴がある．

$$U_{nj} = V_{nj} + \varepsilon_{nj}$$

ここで，$n$ は個人，$j$ は選択肢を表す．効用の値 $U$ が得られていれば，関数 $V$ を線形関数と仮定することで回帰分析によって線形効用関数のパラメータを推定することが可能である．しかし，効用 $U$ は直接観測することができないと考えるのが，通常のミクロ経済理論の考え方である．そこで，$\varepsilon$ に正規分布などの誤差分布を仮定することを考える．後の計算のしやすさから正規分布に似た**ガンベル分布**を仮定すると，以下のロジットモデルとよばれる選択確率の式が導出できる．具体的な導出方法は省略するが，誤差項の確率密度関数をもとに積分計算によって，ある選択肢の効用が他の選択肢の効用よりも大きい領域の確率を導出すれば，それがロジットモデルになる．このモデル形式はニューラルネットワーク等，他の分野でも良く利用される．

この式は個人 $n$（$n = 1, \ldots, N$）が複数の選択肢の集合 $C_n$（たとえば，鉄道，バス，タクシー，自家用車，自転車という移動手段の集合）から選択肢 $i$（たとえば，鉄道）を選ぶ確率を表している．

$$P_{ni} = \frac{e^{V_{ni}}}{\sum\limits_{j \in C_n} e^{V_{nj}}}$$

ここで効用関数を改めて線形関数と仮定すれば,

$$V_{nj} = \sum_{k=1}^{K} \beta_k x_{njk}$$

になり，係数 $\beta_k$（$k = 1, \ldots, K$）を推定できれば，効用関数の値を計算でき，確率の値を求められる．係数 $\beta$ の推定には選択肢のいずれを選択したか，という実績値（離散選択データ）が必要になる．これをアンケート調査などで収集できれば，**最尤法**を用いることで推定することができる．なお，観測値との誤差二乗和を最小化することで係数を推定する**最小二乗法**は，この例のような離散選択データには適用できない．さて，**尤度関数**を式で表せば以下の通りである．

$$L = \prod_{1 \leq n \leq N} \prod_{1 \leq j \leq J} P_{nj}^{y_{nj}}$$

上式のように，最尤推定法は，実際に選ばれた選択肢（その場合は $y_{nj} = 1$，選ばれない選択肢では $y_{nj} = 0$）の選択確率をすべてのサンプルで乗じた**同時生起確率**が最大になるような係数を求めることで，統計的にみて最も尤もらしい推定値が得られると考えたものである．

### 6.3.3　東京の鉄道需要予測

東京都市圏の鉄道需要予測では，以上に示したランダム効用理論に基づく非集計行動モデルが利用されてきた．一般に交通需要予測では，交通量を発生・集中，分布，分担，配分の4つのステップに分けて予測する方法が，4段階推定法と呼ばれ定着し活用されてきた．このうち発生・集中交通量や分布交通量等の予測には，一般にゾーン単位で集計されたデータを用いた集計モデルが用いられてきたが，鉄道需要予測の分野では1985年より**交通機関分担**と**鉄道経路配分**について，個々人の選択確率を直接予測対象とする非集計行動モデルが用いられている．

**表6.1**に示したが1985年以降の交通機関選択モデルには非集計ロジットモデルが利用された．また2000年以降の鉄道経路選択モデルには経路間の重複を考慮することでロジットモデルの限界である選択肢間の独立性特性を克服した**構造化プロビットモデル**が用いられている．これらのモデルを用いて経路配分交通量を予測することで，東京都市圏の将来の鉄道路線別の断面交通量を推計でき，将来の東京圏の鉄道計画の策定に利用されている．

**表 6.1*　東京都市圏の鉄道需要予測モデルの概要**

| 審議会名 | 都市交通審議会15号（1972） | 運輸政策審議会7号（1985） | 運輸政策審議会18号（2000） | 交通政策審議会198号（2015） |
|---|---|---|---|---|
| 目標年次 | 1985 | 2000 | 2015 | 2030 |
| 機関分担モデル | 集計ロジット | 非集計ロジット | 非集計ロジット | 非集計ロジット |
| 経路選択モデル（変数） | 最短経路配分（変数：所要時間） | 非集計ロジット（変数：乗車時間，総費用，アクセス・イグレス時間，乗換回数） | 構造化プロビット（変数：乗車時間，総費用，アクセス・イグレス時間，乗換時間，混雑指標） | 構造化プロビット（変数：乗車時間，総費用，乗換水平移動時間，乗換上下移動時間，乗車待ち時間，駅端末交通利便性，混雑指標） |
| トリップ目的 | —— | 通勤，通学 | 通勤，通学，業務，私事，帰宅 | 通勤，通学，業務，私事，帰宅 |
| ゾーン数 | 約 40 | 658 | 1812 | 2843 |

### 6.3.4　行動経済学における幾つかの仮説

以上に示したランダム効用理論に基づくロジットモデルなどでは，合理的経済人の仮定という，かなり厳しい行動仮説が前提とされ，実際の行動を十分に予測できない現象も見受けられた．そのため，

①選択肢が内生的に発見されるがそれには時間と費用がかかること
②結果の確率が外生的に与えられるのではなく主観的に評価されること
③効用は選択の結果だけではなく過程からも影響されること
④選択肢の決定は効用最大化ではなく満足化によって決められること

など，従来の経済合理性に関わる強い仮定を弱めることで合理性を限定的に捉えた理論化やモデル化を図る工夫が行われるようになっている．

また，近年，そのような新しい仮説を積極的に理論化する**行動経済学**と呼ばれる分野が主流の１つになり，土木計画の分野でも活用されるようになっている．行動経済学の行動仮説を幾つか挙げておこう．たとえば，**保有効果**は，自分が所有するものに高い価値を感じ，手放したくないと感じる現象のことであり，得ることの効用よりも失う場合の損失の方が相対的に大きいと感じる心理

を表現したものである．**アンカリング効果**は，最初に印象に残った数字やものがその後の判断に影響を及ぼすことで，1万円の値札が5000円に書き直してあれば安いと感じる衝動買いにつながる．

また，**フレーミング効果**は質問や問題の提示のされ方（フレーム）で選択や選好の結果が異なることであり，生存率95%と死亡率5%では受け取る印象が大きく異なること等を例に挙げられる．**ピークエンドの法則**は，あらゆる経験の快苦の記憶がほぼ完全にピーク時と終了時の快苦の度合いで決まるという法則であり，その出来事の時間の長さには関係がないという．

以上に示したように，近年，行動モデルや行動仮説に関わる研究が進展している．このことから，より柔軟なモデル化の取り組みによって，計画や政策の効果をより精緻に分析し予測できるようになっていると考えられる．

**【コラム4】　カーネマンの例題と日本人学生の直観**

**4.1.3項**にも登場したカーネマンは，行動経済学の功績で2002年にノーベル経済学賞を受賞している．彼の学生向けの例題に，「バットとボールは合わせて1ドル10セントです．バットはボールより1ドル高いです．ではボールはいくらでしょう？」というものがある．数千人の被験者に調査したとされるが，なかでもMITやハーバードの学生の実に50%が10セントと即答したという．人間がいかに危うい直観に頼るのかを示唆しているが，この問題を日本円に置き換えて学生に出題してみた．ところが，答えがすぐには返ってこないので確認が難しい．何かちょっと変だなと感じているようにもみえる．教育方法の違いがあるが，直観に頼らずまずじっくり考える思考ができるとすれば，それも素晴らしいことだろう．

# 6.4　計画の評価

## 6.4.1　計画の評価の全体像

次に評価の理論を概観しておく．まずは計画と評価の関係を理解しよう．「計画無きところに事業なし」の言葉の通り，地域や都市が有する「長期的方針」（長期計画）のもと，個々の計画や事業が進められる．そのような制度を有する国や地域は多い．その一方で，一度決めた長期計画が硬直的で変わらないなら，効率の低下した事業が継続したり，効果的な別の事業を直ぐに始めることが困難であったりといった弊害も生まれる．したがって，①長期方針に照らして個々の計画が妥当か（個別計画の評価），②長期方針を変更しなくて良いか（長期計画の評価），③必要な新しい計画や事業を速やかに実行できる体制があるか（計画システムの評価）等の検討が常に必要になる．このような取り組みは，「計画や事業に対する評価」といえるだろう．

そこで計画と評価の全体像を理解するために，**第3章**の体系で示した図を思い出そう．**図3.5**を確認してもらえば分かるように，上位計画から事業実施に至る計画の全体像のなかで次のような評価が行われる．すなわち，計画評価（総合計画の評価，NW計画の評価，複数代替案の評価，計画案の評価など），事業評価（事業採択時評価，事業再評価，事後評価），環境評価などである．なお，欧州など他国では，上位計画段階で**戦略的環境アセスメント**（SEA）や**持続可能性評価**と呼ばれる総合的な評価を実施している国があることを付記しておく．

さて，ここでは評価の側から計画を概観することで**図3.5**とは異なる全体像を描くことが可能と考え，試案を示すことにする．それはPDCAとして評価が繰り返される全体像である．それを長期計画（上位計画）と短期プログラムとの組み合わせで示すと**図6.6**のように表現することができる．この図には長期計画を策定し実施している最中に，その進捗状況を評価して，必要に応じて見直すという全体サイクルが示されている．また，短期プログラムが各年の評価を受けながら更新されて行くフローも描かれている．さらに長期計画に位置付けられた社会基盤の整備などが計画の進捗に伴って評価に反映される姿も描かれている．この図で「計画と評価」の関係を概念的に理解することができるだろう．評価に関しては，**短期プログラム**（短期施策）に対する**プログラム評

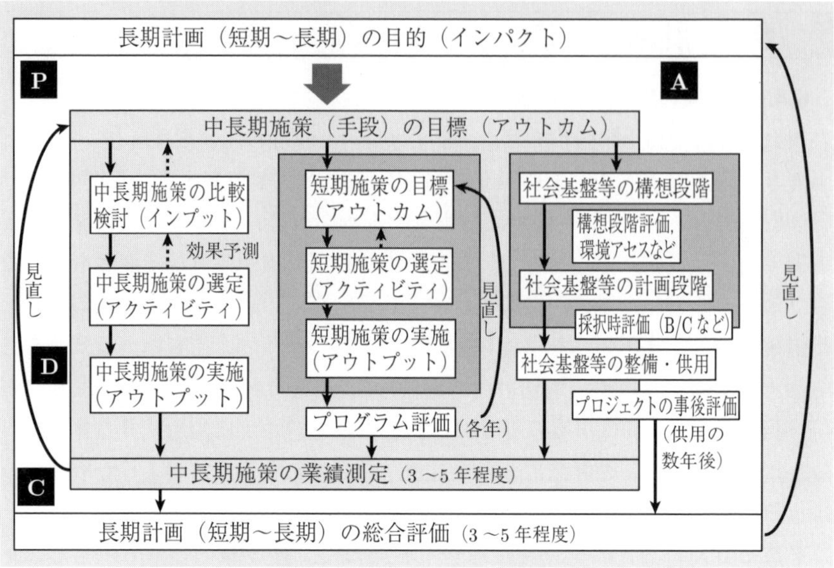


**図 6.6**　長期計画と短期プログラムの関係を表す概念図

**価**（**インパクト評価**，**プロセス評価**等）と，中長期施策に対する**業績測定**，**効果予測**，**総合評価**などの広義の評価を含む全体像が描かれている．

この図で長期計画と短期プログラムとが一緒に描かれていることから分かるように，時間的には PDCA のようなサイクルで計画実施と評価とが連動しながら繰り返されることになる．また，計画が実行されれば，**事前評価**に加えて**事後評価**が必要になることも分かるだろう．ここで，事前評価とは，計画の及ぼす効果と影響を事前に評価することであり，計画を策定するプロセスの途上で主に行われるのに対して，広い意味での事後評価は，計画の実施による実際の効果や影響を計測することであり，そのことで次の計画への知見や次の計画の適切な目的や手段など，計画の必要性等の根拠を見出すことになる．

以上より考えて，国や地域の計画課題に対応し，より良い未来の構築のために資源を活用して取り組む「計画」の体系において，それぞれの適切さを検証することが「評価」であると考えられ，評価そのものには未来を構築することができない点に改めて注意が必要である．

### 6.4.2　プログラム評価の活用

#### (1)　土木計画におけるプログラム評価の意義

次に土木計画における短期的プログラムに対する評価方法を考えてみよう．土木計画では，国や地域の総合的な計画の実施によって，実に様々な効果が期待され，特に防災，安全，環境，地域活力等の分野で効果や影響を及ぼすことが予想される．一方，相互に関連した社会課題が多くあり，土木計画の個々の施策の間にも様々な効果や影響の関係が予想されることから，単一の施策の効果を検証することが困難という背景がある．また，総合的に取り組む体制から考えても，個々の施策をそれぞれ短期的に評価することが資源配分上も困難な環境にある．

一方，エビデンスに基づくプログラム評価が行われているが，これは臨床医学，社会保障，教育，開発経済などの分野で，また特に米国で長い歴史を持つ．ランダム化比較試験によって被験者を分けて効果の有無を計測する試験方法や，差の差分析など統計的因果推論の手法を活用した効果検証に基づく短期プログラム評価などである．これらは継続的に行われる既存のプログラムの枠組みのなかで，より効果的な手段を見つけ出すために有効であると考えられる．

上記のような評価方法は公共事業を含む長期に亘る取り組みの評価には，統制群を設けることの困難さなどから不向きといえる．しかし，総合的な計画のなかに位置付けられた短期施策の効果を検証し，一層効果的な短期施策を，長期計画の進行管理に合わせて，逐次見出そうとする場合などでは，先に示した**図 6.6** のように全体像のなかで短期評価を位置付けることができよう．その場合，評価方法の限界を見極めつつ利用すれば，プログラム評価活用の効果が期待できる．

#### (2)　プログラム評価とロジックモデル

ロジックモデルと呼ばれる考え方が，評価の枠組みを共有するための表現方法として考案されてきた．プログラムの評価を**図 6.7** のように，①資源（インプット），②活動（アクティビティ），③結果（アウトプット），④成果（アウトカム），⑤効果（インパクト）の流れとして記述するものが基本形と考えられている．短期施策を検討する際に，これら①から⑤の因果連鎖をしっかり考えて，それらの内容を明確に記述することによって，ロジックモデルを組み立

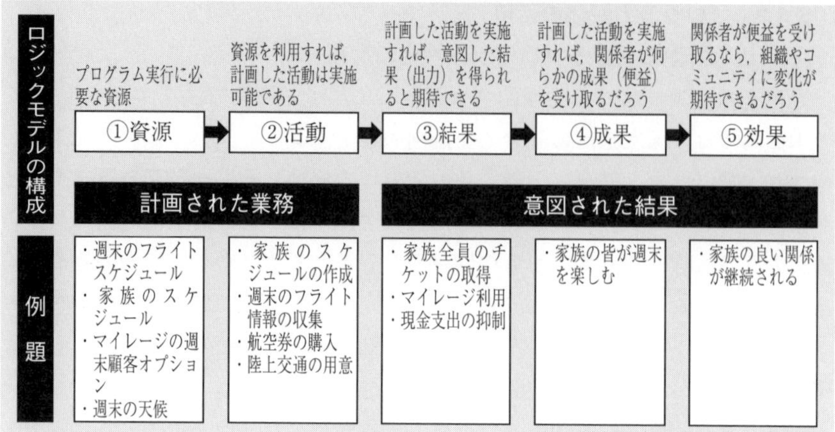

ケロッグ財団（1998）をもとに作成.

**図 6.7**　プログラム評価に用いられるロジックモデルの構成

てることができる．そして組み立てたモデルは，施策実施の羅針盤であると共に，実施後の検証や評価を行う枠組みにもなっている．

特に，③結果と④成果との間の因果関係の検証は重要とされ，他の要因の影響を排除した環境下で短期施策が実施できれば，先のランダム化比較試験のような厳密な評価方法も適用可能になる．このように，ロジックモデルはプログラム評価等，短期的な施策の成果を検証することを企図した論理の図面化に適していると考えられる．

### (3)　ロジックモデルによる短期計画の表現

一方，短期計画の策定プロセスでは，目的を設定し，その達成のための適切な手段を選定し，そして実行するという一連の手順が短期間に行われる．このことから，計画の目的とその実現性，手段とその有効性，資源投入の是非などの，全体を俯瞰しつつ，計画を定めるべきことは明らかである．そのように考えると，短期計画の策定プロセスでは，ロジックモデルとほぼ同様な検討を行っていることが明らかである．

また，評価には，いわゆる**参加型の評価**がある．これは評価を行う際に，プログラムの関係者に対して評価の場に関わりを持たせることや，あるいはさらに幅広い関係者の関心のもとで評価を行うこと等である．翌年の施策の実施効

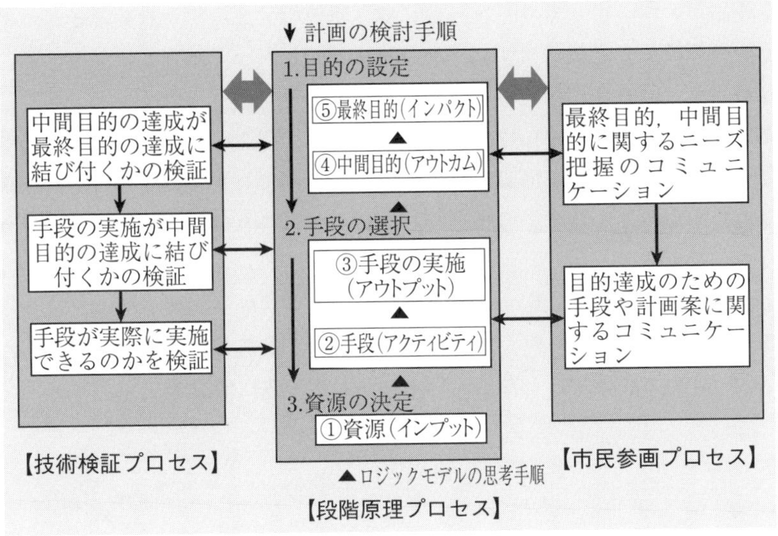


**図 6.8**　短期プログラムの策定プロセス（ロジックモデルを用いた表現）

果を一層高めようとする取り組みと考えることもできる．

このように考えると，ロジックモデルによるプログラム評価の考え方は，参加型の計画プロセスを前提とする 3 つの並行する計画プロセスと，特にそのなかの段階原理プロセスとは，共通点の多い手順と捉えることができよう．ちなみに，短期計画（プログラム）の計画プロセスについて，ロジックモデルを参照しつつ図面化してみると**図 6.8** のように描くことができる．この図に従って短期計画の策定と評価を含む計画実施とを考えることができるだろう．

以上に述べたように，短期計画であれば成果が早期に現れることから，評価の枠組みであるロジックモデルとほぼ同様に計画立案が可能である．その際，技術的な検討（技術検証プロセス）と関係者とのコミュニケーション（市民参画プロセス）を明示的に配置することで，ロジックモデルに比べて幅広くバランスの取れた計画づくりが可能になると考えられる．

### 6.4.3　計画の総合評価と事業評価

#### (1)　計画の総合評価

次に計画の総合評価について考える．**総合評価**とは計画の目的や手段に関わる様々な効果や影響を同時に評価することであり，計画を選定する際に用いられる評価ということができる．一般には，単位の異なる様々な指標を，点数化や貨幣換算によって集約せずに，そのまま並記した上で総合的に判断することが行われる．**図 6.9** に想定される評価項目例を示した．

プログラム評価の対象になる個別の短期計画に限らず，計画には国や地域の総合的な上位計画などがある．それらの上位計画に対する評価は，計画自体が網羅的であることから単一の指標などで行われることはない．そもそも様々な価値の存在を前提として計画の目的が定められていることからそうならざるを得ない．また，(2) にて述べる費用便益比によるプロジェクトの評価は，一般に広く用いられている．ただし，効率性に基づく評価基準であることから，それだけで計画を決めることが相応しくない点は，既に**第 2 章**で示した米国の高

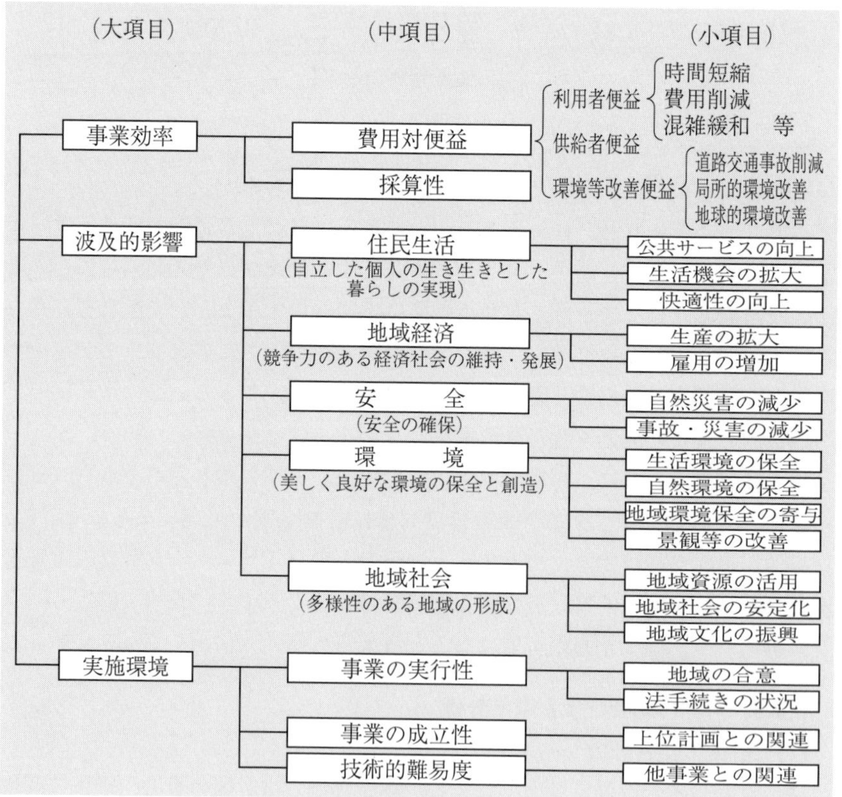


図 6.9　総合的な評価における評価項目の体系例

速道路整備でも歴史上明らかにされている．

プログラム評価を含む個別の計画においても，指標を集約せずに総合評価を行う場合が多い．それは貨幣換算による単一指標評価などには，元々換算方法に限界があり，安全，環境，生活・文化，経済等の様々な分野に及ぶ効果や影響を金額として集計してしまうことで失われる計画の多面性に対して，社会的な合意が得にくい背景がある．

また，交通プロジェクトの時間短縮効果の貨幣換算には時間価値が用いられるため，厳密に計算しようとすれば，時間価値が高い高所得層に効果の高い施策が社会で効果的な施策になりやすい．そのため，他の価値にも配慮するには，安易な単一指標への集約は避けることが望ましい．また，定量指標がそれぞれ異なる予測精度に依っていることから，点数化等の集約化に限界があることも理解する必要がある．

さらに，総合評価にあたって，**定性的指標**や**質的指標**の重要性も指摘できる．上位計画であれば，定量的分析や予測に限界があることから定性的指標による評価を積極的に導入することが考えられる．

### (2)　事業評価の全体像

プロジェクトの計画段階が終了して，事業の実施に向かう段階からは事業評価が行われる．これは**図 6.10** に示すように，①**事業採択時評価**，②**再評価**，

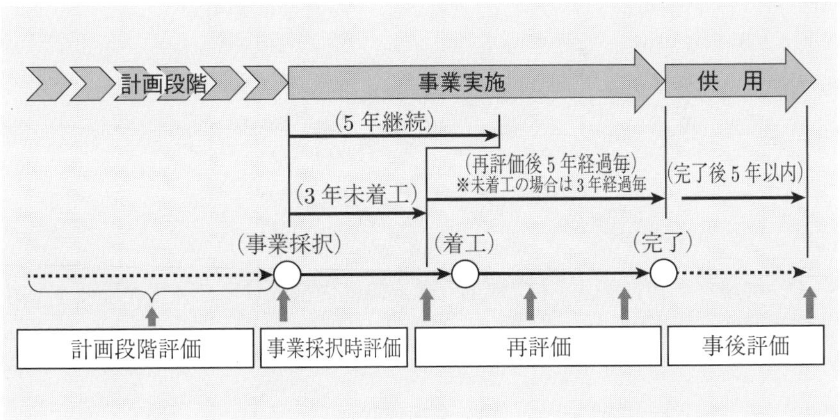


**図 6.10***　事業採択後の事業評価の手順（公共事業（直轄事業等））

③**事後評価**の3つの評価から構成されている．

このうち，①の事業を採択する直前の評価は，**事業採択時評価**と呼ばれ，事業の必要性を改めて示す段階といえる．この段階では，計画案が既に選定されていて，事業の実施環境として当該地域の合意も整っていることを前提に，事業実施にあたって公的資金等の投入が妥当か否かを定量的に判断することが求められる．よって，社会的便益が費用に対してどの程度勝るかを示すことが中心になる．ただ，便益の計測範囲が一般に限定的であることから，仮に費用便益比が1に満たないからと言って，それだけで採択を判断することは適切とはいえない．一方，便益計算に含まれない効果を定性的に示すことや，感度分析によって将来の不確実性に関する考察を加えること等も重要である．

ここで，**費用便益分析**について少々解説したい．それは費用に対して便益がどれほど大きいかを評価する考え方であり，その起源は**消費者余剰**を考案した土木技術者デュピュイ（1804–1866）に遡ると言われる．1990年代頃から日本でも公共事業の事業評価手法として発展し定着してきた．特に，便益がどこで発生しどこに帰着するかを一覧として表現する**便益帰着構成表**の考え方を用いることが有用である．費用便益分析では，**純現在価値**，**費用便益比**（CBR），**内部収益率**などの指標が用いられ，**割引率**や**時間価値**の設定によって結果が変わることから感度分析が必要になる．

ここで，$B_t$ を $t$ 年次の便益（**利用者便益＋供給者便益**），$C_t$ を $t$ 年次の費用（建設費，用地関係費，維持改良費等），$i$ を**社会的割引率**，$n$ を計算期間，$B^*$ と $C^*$ を各年の便益 $B_t$ と費用 $C_t$ を社会的割引率で現在価値に変換して計算期間内で合計した値とすれば，費用便益比は，以下のように表される．

$$CBR = \frac{B^*}{C^*} = \frac{\sum_{i=1}^{n} B_t/(1+i)^t}{\sum_{i=1}^{n} C_t/(1+i)^t}$$

一方，純現在価値は $B^* - C^*$ であり，経済的内部収益率は純現在価値をゼロにするときの $i$ の値である．

また，事業採択時評価を経て事業がスタートした後，一定期間が経過した段階で再度，事業評価を行う．これを**再評価**と呼ぶ．我が国では通常，事業開始から5年経過後と10年経過後に実施される．その間の事業環境の変化，事業費などの変化を踏まえた評価であり，費用便益分析の再計算や残事業の評価などが行われる．さらに，事業完了後には事後評価が行われる．これは供用後一定期間が経過した後の評価であり，概ね 5 年程度の期間をおいて行われる．ここでは事業の完了後に行う評価として，事前評価との相違をチェックしつつ，事業の全般の実施状況を取りまとめ，調査などによって効果や影響の実態を把握・分析し，課題や問題点を整理すると共に，改善や他事例へ応用できるような知見を含めて総合的に取りまとめる．我が国の新幹線整備などの公共事業で多数行われている．

### 6.4.4 環境影響評価

土木計画の評価として，当該計画の必要性を明らかにするために，計画のもたらす正の効果を計測することが重要であることは既に説明してきた．一方，計画の実施によって環境等にマイナスの影響を及ぼす懸念があり，そのため従来から，計画評価や事業評価とは別に**環境影響評価**（**環境アセスメント**（以下，環境アセス））が行われている．

環境アセスは，公共事業や民間開発等の及ぼす環境面の影響を事前に評価して，必要に応じて対策を施すことで，環境面の影響を回避・緩和するために行われる評価の手続きである．我が国では公共事業については 1970 年代から制度化されていたものの，民間開発に対しては条例に基づく制度に留まっていた．漸く 1997 年に環境影響評価法が制定され，そのもとで全国自治体の条例に基づく環境アセスとの両方を活用した制度が定まったところである．

国の定める環境影響評価法では，**表 6.2** に示したように，比較的大規模な事業を対象とする．高速道路であれば第 1 種は 4 車線 10 km 以上，第 2 種は 4 車線 7.5–10 km などのように，対象事業ごとに基準を定めている．一方，都道府県の条例による環境アセスでは，法律よりも小規模な事業を対象にしている．環境アセスの実施主体は，一般に事業者であることから**事業アセス**と呼ばれるが，都市計画を伴う事業については，都市計画の決定権者が行うことができ，そのため**都計アセス**と称されることがある．環境部局には事業のアセスを実施する予算も人材も少ないことから，事業者が自ら行って報告する制度であるため，透明性や説明責任が重要になる．

**表6.2***　環境アセスメントの対象事業の一覧

| | 第1種事業<br>（必ず環境アセスメントを行う事業） | 第2種事業<br>（環境アセスメントが必要かどうかを個別に判断する事業） |
|---|---|---|
| **1 道路** | | |
| 高速自動車国道 | すべて | |
| 首都高速道路など | 4車線以上のもの | |
| 一般国道 | 4車線以上・10 km以上 | 4車線以上・7.5 km–10 km |
| 山のみち地域づくり交付金により整備される林道 | 幅員6.5 m以上・20 km以上 | 幅員6.5 m以上・15 km–20 km |
| **2 河川** | | |
| ダム，堰 | 湛水面積100 ha以上 | 湛水面積75 ha–100 ha |
| 放水路，湖沼開発 | 土地改変面積100 ha以上 | 土地改変面積75 ha–100 ha |
| **3 鉄道** | | |
| 新幹線鉄道 | すべて | |
| 鉄道，軌道 | 長さ10 km以上 | 長さ7.5 km–10 km |
| **4 飛行場** | 滑走路長2500 m以上 | 滑走路長1875 m–2500 m |
| **5 発電所** | | |
| 水力発電所 | 出力3万kW以上 | 出力2.25万kW–3万kW |
| 火力発電所 | 出力15万kW以上 | 出力11.25万kW–15万kW |
| 地熱発電所 | 出力1万kW以上 | 出力7500kW–1万kW |
| 原子力発電所 | すべて | |
| **6 廃棄物最終処分場** | 面積30 ha以上 | 面積25 ha–30 ha |
| **7 埋立て，干拓** | 面積50 ha超 | 面積40 ha–50 ha |
| **8 土地区画整理事業** | 面積100 ha以上 | 面積75 ha–100 ha |
| **9 新住宅市街地開発事業** | 面積100 ha以上 | 面積75 ha–100 ha |
| **10 工業団地造成事業** | 面積100 ha以上 | 面積75 ha–100 ha |
| **11 新都心基盤整備事業** | 面積100 ha以上 | 面積75 ha–100 ha |
| **12 流通業務団地造成事業** | 面積100 ha以上 | 面積75 ha–100 ha |
| **13 宅地の造成の事業** | 面積100 ha以上 | 面積75 ha–100 ha |

そのような環境アセスにおける主要な検討事項は，事業前の環境の観測と環境影響の予測になる．たとえば，現地調査については通常1年の長さで行われるが，猛禽類などの動物に対する調査は数年以上に及ぶこともある．また，予測対象には大気汚染，騒音，振動，地下水などの変化や電波障害，景観などもあり，騒音であれば音響学会のモデルが，大気汚染であればプルームモデルのように定着したモデル式を使った予測が行われることが多い．環境アセスでは自然環境の**緩和措置**（ミチゲーション）などを積極的に取り入れる事例もあり，計画に対する地域の合意形成上も重要な取り組みとして行われている．

我が国では環境影響評価法を2011年に改定して，新たに**計画段階環境配慮書**の手続きを加えた．これによって事業案が確定する前の段階で複数案を比較検討することが必要になっている．一方，計画策定プロセスとしては，配慮書手続きを含むプロセスを行うことが可能とされている．環境影響評価を上位計画のプロセスに関連付けることは，既に欧州や米国，さらにはアジアを含む幾つもの国で行われており，**戦略的環境アセスメント**と呼ばれる．環境アセスが上位計画やそれのみならず政策あるいは法制化の段階でも可能という考え方である．たとえば，高速道路料金を大幅に割り引く政策があったとして，その政策による環境影響の評価を比較的簡易な需要予測に基づいて行うこと等が想定できる．そのように上位計画や政策を検討する際に，それぞれのレベルに応じた環境アセスを行うことは，地球温暖化に対応する各国の政策や計画においても，今後一層重要性を増していくだろう．

## ◆◆本章のまとめ◆◆

本章は科学・技術検討の範囲とそれを計画策定中にプロセスとして実行する技術検証プロセスとの両者を整理して示し，それらの概要を解説したものである．各種統計データや調査方法，分析・予測手法，シミュレーション手法などの概要を学び，特に計画分野の予測理論として代表的なランダム効用理論に基づく非集計行動モデルについて概要を学んだ．さらに，計画と評価との関係を理解し，長期計画や短期計画に対して評価がどのような関わりを持つかを把握した後に，ロジックモデルを用いた表現方法や，計画の総合評価の方法，事業に対する評価の枠組み，環境アセスメントなどを理解した．

## 6章の問題

□**6.1**　次の各問いに答えよ.

(1)　ビッグデータが標本統計の検定に適さない理由を述べよ.

(2)　ランダム化比較試験が土木計画分野であまり活用されない理由を述べよ.

(3)　**図6.3**に示された「分析対象の現象」から「科学・技術検討の結果」に至るパスの幾つかについて具体的な例を挙げて説明してみよ.

(4)　ランダム効用理論に基づく個人行動モデルが土木計画分野の予測に長らく用いられる理由を考えてみよ.

(5)　計画と評価の関係を簡潔に示せ.

(6)　短期プログラムのプロセスをロジックモデルで表現することの意味を考えてみよ.

□**6.2**　自分が住む市町村の基本構想，基本計画等の評価方法を調べてその長所短所を考察せよ.

# 第７章

# 市民参画プロセス

市民参画プロセスの理論と実践とを学び，現代社会で公共計画を策定するための考え方や条件を総合的に理解する．市民参画プロセスにおける土木技術者の立場が整理され，コミュニケーションの理論として体系的に理解する．本書の理論を実践した計画検討の実例が紹介され理解を深める．

# 7.1　市民参画プロセスの背景と専門家の役割

## 7.1.1　市民参画プロセスの背景

市民参画を英語で**パブリックインボルブメント**（**PI**）と呼ぶ．PIのPがパブリックであることから，**公衆参画**や**公衆関与**などと訳されることがある．本書ではPIを3つの並行する計画プロセスのうち**市民参画プロセス**で行われる市民等とのコミュニケーション行為の総称として用いる．PIは都市の防災・環境・交通・土地利用など広く効果や影響が及ぶ公共政策や公共計画の策定段階でのコミュニケーション行為の総称である．

PIの具体的なコミュニケーションの方法には，**オープンハウス**，**ワークショップ**，小規模集会，説明会，**公聴会**，アンケート調査，ニューズレター，インターネット，SNS，TV，ラジオ，新聞など様々なものがある．これらを適切に組み合わせてデザインすることで市民参画プロセスとして運用できるが，幾つかの実践例は本章の**7.4節**で紹介する．

市民参画の取組みの歴史は古く，英国では1969年に地域の上位計画に市民参画を積極的に導入するべきとの提言書が政府より公表され，その後は各地域で先進的な取り組みが試みられた．**第5章**でプロセスを紹介したが，スケフィントンレポートと呼ばれたその提言では「参加（パーティシペーション）とは政策や計画提案の形成段階で“共有する行為”である．地方政府による“情報提供”や“意見機会の提供”が参加プロセスの主要な一部であることは間違いないがそれらがすべてではない．参加は話すと共にアクションを伴い，計画プロセス全体を通して市民等が積極的な役割を果たす場合にのみ十全な参加があり得る．ただし，この考え方は制約を伴い，計画を準備する責任が地方政府にあることと，計画立案には専門家の高度な技術検討が必要ということである」とされている．同提言では**図7.1**に描かれたように，オープンハウスやワークショップ等，現代に通じるコミュニケーションの方法が既に具体的に手順と共に示されていた．

また，同時期の日本でも国土総合開発計画や国土土地利用計画等が策定され始めていたが，宮澤は新国土計画論のなかで，「計画の策定の過程において，市民等の参画を積極的に保障することによって，計画の円滑な実現を図る必要があるのであり，あらゆる機会と手段・方法などを活用して市民等の参加を求め

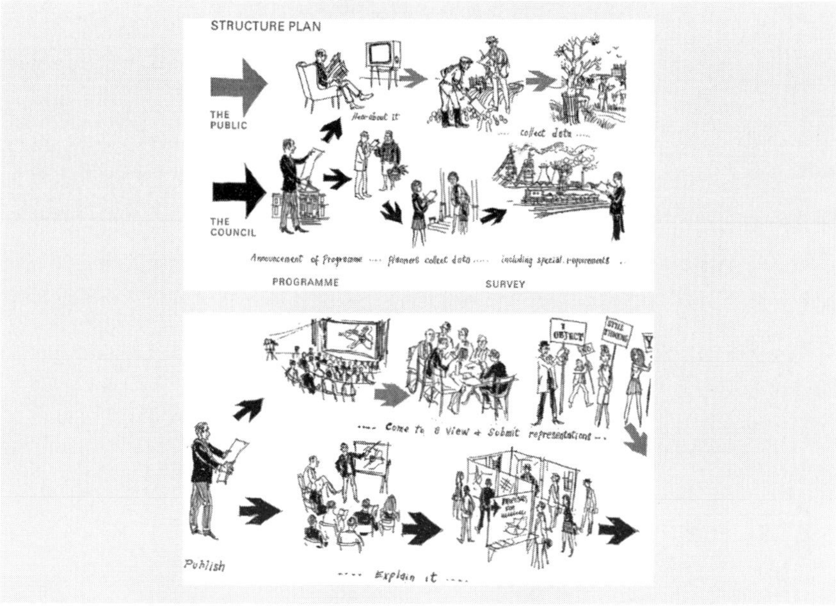


**図 7.1***　地方政府の基本計画（ストラクチャプラン）への市民参画（一部掲載）

るべきである．このため，新しい PR の媒体，たとえば，テレビを活用して土地利用計画の内容を繰り返し市民層に徹底させることなども考えるべきである」と書いている[7]．このように我が国でも市民参画を求める提案が登場していた．

しかしながら，我が国ではほぼ同時期に計画された**成田国際空港**や**東京外郭環状道路**（東京区間）の計画決定において，市民参画を規定する法律や制度の不備も相まって，計画決定に伴う問題が深刻化し，地域における大きな反対運動を生み出し，決定後の計画実現に極めて長期間を要する事態を引き起こしてきた．このような事例は**ミュンヘン空港**，**パリ環状道路 A86 号線**，**ボストン高速道路網計画**など世界各地に見られる．これら多くの事例に共通することは，問題が悪化してから対処する行政の消極的な姿勢のために，結果として膨大な労力を行政側と住民側との両者に強いたという教訓である．そのこともあり，1990 年代の米国などでは，スケフィントンレポートにも通じる上位計画段階から市民参画を積極的に取り入れることで，住民にとって事業が突然通告されたような事態を起こさない取り組みが重視されるようになっていった．

また，大きな反対運動にさらされた**成田国際空港**でも，1994年以降は地域との共生を長年に亘って検討し現在に至り，最近では空港機能の更なる強化拡張に向けた計画が作られるようになっている．また，同様に大きな反対を受けて事業が凍結された**東京外郭環状道路**の東京区間についても，計画決定から30年以上を経過した後に新たにPIを開始することで，行政と住民との歩み寄りを図り，地元との協議を重ねて事業の進展をみることになった．これらは当時の手続きに不備があったためといえるが，これからの公共計画や公共事業においても，起こり得る問題やそのリスクを事前に十分に検討して計画プロセスをデザインすることが望ましい．紛糾してから対処する受け身のマインドがこの問題の核心でもあり，市民参画は計画策定主体にとって，もっと前向きでプロアクティブな取り組みであるべきとの認識を広げることが必要である．さて，これをどのように具体的に進めるか本章では理論と共に順次解説していく．

### 7.1.2 計画づくりと専門家の関わり

手始めに専門家としての土木技術者の計画づくりにおける関わりを明確にしておきたい．計画目的の選定にあたり，価値多元社会では手続きの正当性が相対的に重視されてきたことを**1.7.3項**にて述べた．技術者の専門性に立脚した判断は重要だが，計画の目的選定は専門家だけではできない．計画の手段選択において，目的定立下であるなら古くから「最も容易に」（技術的実現性），「最も美しく」（社会的納得性）という基準があることを**2.1.1項**にて述べた．技術者が計画の手段選択に関わるべきことが古くから自明であったともいえる．

たとえば，「土木技術者の役割」は土木学会100周年の宣言（2014）でも記されている．そこでは，「土木技術者は，社会の安全と発展のため，技術の限界を人々と共有しつつ，幅広い分野連携のもとに総合的見地から公共の諸課題を解決し社会貢献を果たすとともに，持続可能な社会の礎を築くため，未来への想像力を一層高め，そのことの大切さを多くの人々に伝え広げる責任を全うする」とされている．また同宣言で記された「土木学会の役割」については，「土木学会は，社会に多様な価値が存在することを理解しつつ社会の価値選択に関心を持ち，技術者や専門家が尊重され，様々な人々が協働して活躍する将来の持続可能な社会の実現に向けて，学術・技術の発展，多様な人材の育成，社会の制度設計に継続的に取り組む」と記されている．

これらで強調されていることは，技術者が個々の人間として，技術の限界や技術を扱う人間の限界を，人々と共有しつつ公共の諸問題を解決するとともに，学会は組織として多様な価値を認め，諸問題を解決する技術，人，制度に注力するという点で，特に個々の技術者の人としての重要さに回帰している点である．

### (1)　専門的立場

そこで，専門家としての土木技術者の立ち位置を，改めて本書の3つの並行する計画プロセスに照らして考えてみよう．まず，計画の目的や手段を定める計画案そのものに関わる立場を考えてみる．その場合，産学官民のいずれの土木技術者も公共心を持って計画の策定に関わることになる．

土木技術者は**専門的立場**で個々の知識と技術力，個人の信念，未来への想像力等に基づき，ものごとを客観的に捉えようと努力するだろう．ただ，客観的といえども個人の価値から独立ではないことは明らかである．

### (2)　中立的立場

次に，計画のかたちである計画プロセスに関わる立場を考える．産学官民のいずれの土木技術者も，計画プロセスを設計して進行管理する主体に関わることになれば，計画の案に対する個々人の善悪・好悪等の判断から一定の距離を置く**中立的立場**を維持することが求められるだろう．もし，その技術者が特定の計画案を強く支持しているなら，中立的な立場を維持することが難しくなる場合もあるだろう．土木技術者が行政など計画策定主体として関わる場合，中立的立場の維持が難しいことから外部機関を設置して計画プロセスの進行管理を委託するなどの対応が必要な場合も少なくない．

さて，ここで上記2つの立場の両立が可能かという疑問が生じる．計画案に関わる専門的立場（個別の計画の是非を専門性に照らして判断する立場）と計画プロセスに関わる中立的立場（プロセス設計の専門性を有するが，具体の計画案に対しては中立的という立場）である．これらを1人の土木技術者が同時に担うことは産学官民いずれの技術者でも容易ではないだろう．おそらく，土木技術者が計画プロセスの適正な運営判断に関わる場合，計画案の価値判断への関わりを必要最小限に留めるべきであり，そのことで社会からの信頼や納得を得ることが可能になると考えられる．

また，土木技術者が公共空間や公共施設の「機能やデザインの美しさ」に関わる計画案の提案等に関わることは少なくない．計画プロセスとしては，まず複数の素案やたたき台案を提示し，計画主体側の関係者や住民・利用者等の意見を踏まえて最終案を取りまとめる手順が一般的である．最初から技術的検討を精緻に尽くした検討結果を住民や利用者等に示すと，その後意見を受けても変更に値しないことになりがちで，計画案に何も反映できずに却って納得を得られない結果が生じる．こうなると計画案の問題ではなく，計画プロセスの問題が顕在化し，紛争を招くことが危惧される．

計画案の作成を住民・利用者等が独自に行うことは困難な場合が多く，計画策定主体に関わる専門家としての土木技術者が，計画・デザイン案を提案する場合も少なくない．その際，計画・デザイン案を確定する前に住民・利用者等の理解や納得を得ることは極めて重要である．本書の3つの並行する計画プロセスにおいて，計画づくりに関わる専門家は，主に技術検証プロセスに関与すると想定しているが，専門家の美醜や好悪に関わる事項は「市民参画プロセス」に検討の場を設けて専門家として参画し，複数案を提案して広く意見を集め，合意形成に至ることなどが考えられるだろう．

**【コラム5】　市民参画に関わる過去の言説**

福沢諭吉が「学問ノススメ」のなかで，「或人いわく，民はこれに由らしむべし，これを知らしむべからず．その実は大いに非なり．外国に対して我国を守らんには，自由独立の気風を全国に充満せしめ，国中の人々貴賎上下の別なく，その国を自分の身の上に引き受け，各その国人たるの分を尽さざるべからず．」と書き記している．市民参画の精神が表現された名文である．

第2次世界大戦後の日本で建設省の創設にも尽力したとされる兼岩伝一の1955年頃の文章に「どんな建設工事にしても，その計画を一部の政治家や専門家が秘密の裡に独断的につくるのではなく，その建設工事に関係あるすべての労農市民と充分に話し合って，民主的に作成されるように要求しなければなりません．構造物の設計や色々な計算については専門家がやっても，その工事の国民に及ぼす影響の是非については国民自身が判断を下さなければなりません．」との記載がある．今の時代にまで通じる先進的な考えであったといえよう．

# 7.2　市民参画プロセスの理論

## 7.2.1　価値の対立という社会の課題

前節で計画づくりに関わる専門家としての土木技術者の立場を解説したが，地域社会には様々な価値を持つ人々が共に暮らしていて，考え方も異なることから，計画づくりにおいて意見が対立することが少なくない．本書では3つの並行する計画プロセスによって，個人の価値が異なる社会で公共計画を策定する際のプロセス設計の大切さを学んできた．本節では，計画づくりに関わる専門家が「市民参画プロセス」をデザインするために必要と思われる考え方を順次示したのちに，**市民参画プロセスの理論**として総括したいと考えている．

まずは簡単な例を幾つか挙げておこう．たとえば，道路空間に樹木を増やせば，暑さ対策になる木陰を増やせるし，都市景観を改善できる．さらに植樹桝等を利用して豪雨時の貯留量を増やすなど防災面の効果も期待できる．そのような計画に賛同する意見はあるだろう．しかし，「葉っぱが落ちて掃除が大変だ」，「台風で高木が倒れたら危険だ」，「見通しが悪くなって防犯上心配だ」，「不審者等のたまり場になるのではないか」など様々な懸念や異論が示されるかもしれない．

また，**図7.2**のように新たな道路を2つの都市AとBとの間で計画する場合を考えてみよう．途中を考慮しなければ最短のルート3が候補になるだろう．中間地域のより多くの人々が求める平時の**効率性**（経済性）の観点を考慮すれば，人口の多いC市を経由するルート2が望ましいが，D市への近接性を

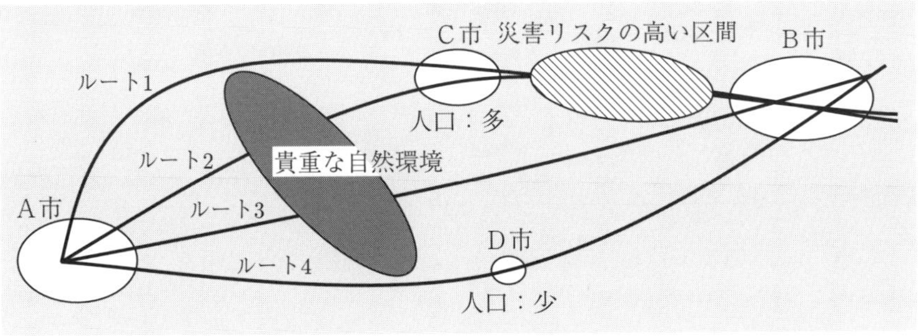


**図7.2**　新たな道路のルート選定を行う場合に考慮すべき価値

**公平性**（社会性）から考慮すると，最短でもあるルート3がやはり有力候補かもしれない．一方，自然環境への配慮（環境）に目を向けると，ルート2も3も自然資源として貴重な区域を通過するため問題が大きく，そこを迂回したルート1が候補に浮上するかもしれない．さらに，防災（安全）面を重視すると，CとBを結ぶ区間が自然災害に対して脆弱であるため，その対策に莫大なコストが必要になる．それなら安価で建設できるルート4を採用して，Cから当該道路へのアクセスを別途考える案が有力候補になるかもしれない．このように経済，社会，環境，防災の観点からルートを検討する場合にも，その過程で技術面の課題にとどまらず，道路の利用者や地域の人々の様々な価値が関わりを持つことが想像できる．

人々が優先する多様で異なる価値に関係する語句として，公共計画に関わるものを**図7.3**に列挙してみた．このような様々な価値に向き合わなければ，社会的合意形成が困難な計画課題が増している．また，人々の共感や協力がなければ目的を十分に達成できない計画課題も増している．温暖化対策や防災等の取組みはその典型である．インフラストラクチャ計画も例外ではないだろう．

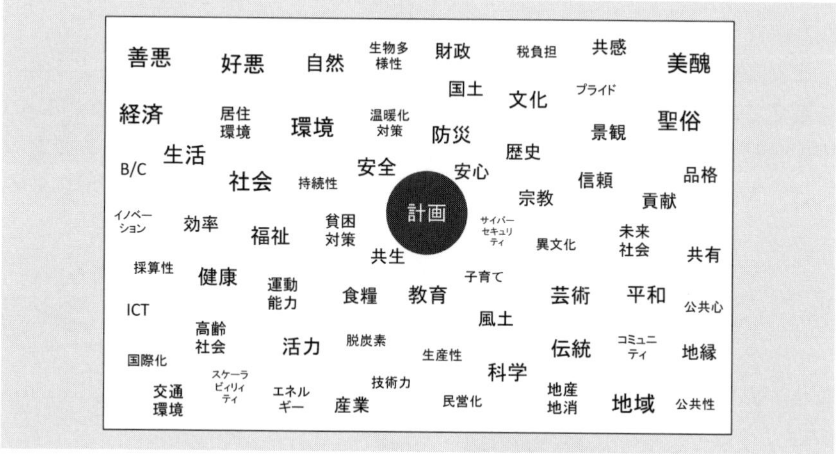


**図7.3**　公共計画を取り巻く様々な価値に関わる言葉

### 7.2.2　公共計画における「公共性」という価値

次に公共計画に関わりの深い**公共性**という語句を考えてみよう．この言葉は多義的であって哲学，法学，倫理学，経済学，工学などそれぞれの分野によって概念や使われ方が異なっている．それらの議論は [2] や [3] などに詳しいが，概していえば社会の共同の利益に叶う性質が必要であって，少なくとも社会で明白な不利益を生むものを公共性と呼ぶことはない．改めて辞書を紐解けば，公共性は「広く社会一般に利害・影響を持つ性質．特定の集団に限られることなく，社会全体に開かれていること」（大辞林）といった意味や，「広く社会一般に利害や正義を有する性質」（広辞苑）が現れる．

「公共性」という概念も，それを重視するなら 1 つの価値と考えられ，それは公共計画の持つべき価値の 1 つであると思われる．土木計画のうち地域計画やインフラストラクチャ計画の策定において，前提になり得る社会の価値と考えることはできるだろう．

ただし，公共性は，公共計画の前提であると同時に，公共計画の実現によって達成されるものと考えられる．前提であるとしても，その公共計画が実現できなければ公共性は発現されないだろう．そうであるなら，計画における公共性は，計画決定主体から一方的に宣言されるものではなく，計画への参加主体や関係主体との協働の営みによって形成されるものと考えるべきではないだろうか．

蛇足ながら公共性のもとになるパブリックという言葉については，明治以降に導入された概念であり，日本ではそれ以前からあった「公」を充てたが，公が「おおやけ（大家）」という意味で「官」をさしていたことから，パブリックが国や地方自治体等「官の」をまず第 1 に表すことになった経緯がある．一方，パブリックには「一般的」や「共通的」，あるいは「公開的」などの意味があり，我が国では公衆浴場などの呼び名で使われてきた「公衆の」という捉え方がある．

元々，欧米ではコモン（共有地）のように住民達が守る公共という概念があり，我が国でも近年は官（公的）と民（私的）の中間的な位置づけの**新たな公**や**新たな公共**という考え方も登場してきた．そして，そのような人々の行為を支える精神や公共性を重視する価値として，**公共心**，**利他心**などがあると考えることができる．この点をさらに次で考えてみよう．

### 7.2.3 価値多元社会における多様な公共心

公共計画に関わる「公共心」という概念を改めて考えてみたい．「公共性」が，公共計画の策定や実施の段階で，様々な主体の協働の取り組みによって発現されるとして，それを支えるのが各主体の有する「公共心」であると考えてみることができる．市民などの計画関係主体は，様々な価値を有する異質な人々から構成される集団であるため，公共心を有するとしても，そのもとになる価値観は人によって異なる．すなわち，公共心は公共性を形成する本源的な個人の価値であると考えられるが，公共性と大きく異なる点は，それが価値多元社会の多様な価値を反映して，個人差が大きいと考えられる点にある．

たとえば，公共心を利他心と捉えた場合，利他心の強い人々にとって温室効果ガスの削減や経済的弱者の救済は関心の高い社会課題であると思われる．しかし，温室効果ガスの削減を強化するにしても，原発を推進すること，水素社会を構築すること，エコな生活を心がけること，というように幾つもの異なる意見が異なる価値にもとづいて表明されるだろう．あるいは，経済的な弱者を救済するにしても，直接金銭的な支援をするか，就労機会を提供するか，あるいは都市経済を成長させるか，というように異なる意見が異なる価値のもとで表明されるだろう．

さて，このような公共心には幾つかの種類があり，意味として多少重複するが本書では4つの分類が可能と考えている．最初に比較的一般的に用いられる公共心として，①**道徳心としての公共心**が挙げられる．これは「身のまわりの他人に迷惑をかけないように配慮する心」と表現できる．マナーやルールを守るということである．必要な公共心であるとは思うが，これだけでは次節に述べる公共ディレンマは防げない．

次に，②**利他心としての公共心**を挙げることができる．これは他人に利益を与えようとする心，他人の幸福を願う心であり，特に眼前の人を助けたいと思う気持ちとして現れる．寄付行為や災害時のボランティア活動などはその心の顕著な現れと考えることができる．公共計画の策定プロセスにおいては，「現状の課題認識」などにおいて，「4種類の他者」への利他心として配慮することが期待される．4種類の他者とは，**3.2.3項**でも同様な概念を説明したが，(a) 将来社会における未来の人々，(b) 他の地域に暮らす人々，(c) 現代に至る社会・文化・伝統を築いた過去の人々，(d) 交流対象である身近な現在の人々であり，これら 4 種類の他者の視点を**想像上の立場の交換**（ヒューム）として共感可能であれば，それが公共心（利他心）といえる．それによって社会・経済・環境・防災等の地域課題を理解することが十分可能になる．

なお，石神は共感のレベルを 4 つに分けて，相手の存在を認識した状態（レベル 1），相手の置かれている状況を把握した状態（レベル 2），さらに想像上の立場の交換が行われ相手の考えを理解した状態（レベル 3），なおかつ相手の考えに賛同した状態（レベル 4）とし，地域計画の共有，すなわち地域計画の目的，手段，責任を受け入れることに共感レベルの向上が重要な意味を持つとしている[4]．また，田中らは無作為抽出によって選び出した地域住民に他の人々の置かれた状態を伝えた上で計画への意向を尋ねる方法論を提案している[11]が，他者への配慮を具体的に増進する方法としても興味深い．

さらに公共心として，③**未来への想像力としての公共心**を挙げることができる．これは②の (a) に示した「将来社会における未来の人々」を含むが，それだけではなく，未来社会のために今現在配慮すべきことがらを想像する心と考えることができよう．公共計画の策定プロセスにおいては，目的や目標設定，あるいは手段選択において，その内容に共感する心，あるいは新たな提案を行う心として顕在化するだろう．土木学会 100 周年宣言では土木技術者の持つべき心とされる．

これから必要な公共心は，地球環境への長期的な対応や災害に強い地域を将来に亘り形成する不断の努力など，自分や家族の安全・防災意識を超え，将来に向け安全な地域や社会を構築することに今から関心を持ち，未来を構想して尽力する心であると思われる．人々が未来への想像力を養い，その公共心を発揮するためには，公共計画の策定にあたり，その当初から十分な情報提供やコミュニケーションの機会が与えられ，共に考える基盤が整っている必要がある．

「未来への想像力」が現世代にとって必要な理由は，(a) 科学技術が万能でないことから専門家だけに判断を任せず，国民自らがリスクを理解・判断する必要があり，(b) 現世代の判断が将来世代・地域に影響するためその判断の責任を有し，(c) 過去の文化・歴史を将来世代へ継承する責任を有するためである．

最後に，公共心として，④**自己超越欲求としての公共心**が挙げられる．これはマズローの欲求の最上位に位置付けられた自己超越欲求に対応する心ということになる．マズローは欲求を，**生理的欲求**，**安全欲求**，**所属欲求**，

**尊敬・承認欲求**, **自己実現欲求**, **自己超越欲求**という順序で表現した. 自己超越欲求は人々が有する階層的な欲求の最上位に位置付けられる. 自分本位でも成立する自己実現欲求のさらに上位にあり, この欲求は, 上記の②や③に大きく関わり, 公共計画においては献身的な協力に繋がると考えられる. この欲求は概念的であり, 容易に生まれるとは考えにくい. また②, ③との関係は何とも説明しがたいが, たとえば若者が革新的技術の開発で社会貢献したいとの強い動機で取り組み, 成功した後に自己実現を超え, このような公共心に至り, 社会への貢献を続ける場合などであろうか.

以上に述べたように, 公共心には①道徳心, ②利他心, ③未来への想像力, ④自己超越欲求, という4種類があり, それぞれが公共計画の策定や実行段階において関わりを有する可能性が示唆されたと考える.

### 【コラム6】 公共心に関わる過去の言説

和辻哲郎が「風土」(1929年) のなかで,「洋服と共に始まった日本の議会政治が依然として甚だ滑稽なものであるのも, 人々が公共の問題をおのが問題として関心しないがためである. 城壁の内側における共同の生活の訓練から出た政治の様式を, この基盤たる訓練なくしてまねようとするからである.「家」を守る日本人にとっては領主が誰に代わろうとも, ただ彼の家を脅かさない限り痛痒《つうよう》を感じない問題であった.」と断じている. 昭和初期の状況とは異なり, 近年の災害ボランティアの様子などを見るにつけ, 広く関心を抱く若者も増えている. インターネットやSNSの普及によって, 多くの人々が他者の境遇を身近に感じることが容易になっていることも背景にあるだろう.

三澤勝衛 (1885–1937) の「風土論」を内山節が「未来についての想像力」(2009年) で解説している.「自分の住む郷土にどのような風土があり, どのような人間の営みがあるのかを深く知ることで, 自分の郷土の深さ, 郷土の大切さに気が付いたときに, 隣村にも同様にかけがえのない風土と共に生きている人々の歴史があり, 世界中どこにいってもかけがえのない歴史があると理解する. また, その風土に合った産業が持続する産業である. それを興すことで産業振興につながると考える.」他者との立場の交換は古くから唱えられてきたが, パンデミックが人々の移動や交流を制限する時代に改めて重要性を増している.

### 7.2.4 共通善としての公共計画づくり

公共の計画，たとえば地域計画やインフラストラクチャの計画を策定する場合を考えてみる．本書では，計画づくりの途上で可能な限り「真偽」を明らかにしつつ，当該の社会における「正義」にかなう手続きのもとで，広く国民，市民，住民などを含む様々な関係者の参画を得た上で，社会的合意形成を図ることを理想的な枠組みと考えてきた．

このとき，個々人の「善」を超えた「共通善」としての計画を社会的に決定できること，すなわち，計画の策定行為の結果として共通善が導けることが望ましい決定であると捉えることができる．さらに，その計画手続きの最中にあって，広く住民を含む関係者の公共心が維持あるいは促進されることで，計画づくり後の目的達成やその継続等に正の効果をもたらすことが期待されるプロセスであるなら一層望ましいといえるだろう．

以上のように考えると，「公共心の向上」，「共通善の形成」，「社会的な合意形成」という3つの論点が中心的な課題であることが分かり，そのことに如何に取り組むかという理論を「市民参画プロセスの理論」と表現することができそうである．計画対象地域において，個々人の価値が異なっている場合でも，何らかの取り組みで公共心が高まり，方向性の共有を行うことで共通善を導け，そのことで社会的な合意形成に至る条件があるのではないかと考えられる．

極端な例であるが，すべての個人が利己的で公共心を持たない場合は，個人の価値をいくら合計しても，あるいは地域でまとめてみても，公共計画における共通善を導くことはできないだろう．そのような状況で計画を定めても，計画を実行する段階で協力が得られず，公共ディレンマを引き起こすことが想像される．温室効果ガス削減の抜本対策を採択できない例などもこれに相当すると考えられる．また，ニンビー問題のように，総論賛成各論反対で物事を決められない状況では，たとえば，ごみ処理場が必要であるにも拘わらずその建設地を決められない自治体の例のように，地域の共通善としての計画が決められないことになる．

一方，地域の個々人が公共心を有する場合，それが全員ではなくとも何らかのコミュニケーションを踏まえて，共通善を導ける可能性があると考えられる．ただ，個人価値の相違を踏まえた計画の合意形成については，市民参画プロセスにもとづく社会的な合意形成に至るプロセスが必要と考えられる．この点は

**7.3 節**にて詳しく説明する．

以上に述べた公共計画の策定における公共心，共通善の関係を示したものが**図 7.4** である．同図には 3 つの並行する計画プロセスによって計画の発議から確定までのプロセスが簡便化して中央に描かれている．その外側には**市民等**（本書では，国民，市民，住民，あるいは NPO，NGO，企業市民など様々な立場の人々がいることを認めつつこれらを総称して市民等と呼ぶことにする）などが計画プロセスに関わりを持つように描かれているが，市民等は多様な価値を持つ．左側に配置された市民等は，計画に関心があり，他者への理解があり計画への参画にも積極的である．彼らには利他心があり，社会に多様な価値があることを認識でき，それらに一定の共感もできる．そして未来への想像力があり，共通善としての計画内容を定めることに前向きに取り組むことも可能で，計画確定（社会的な合意形成）の後には計画目的の実現に協力的である．

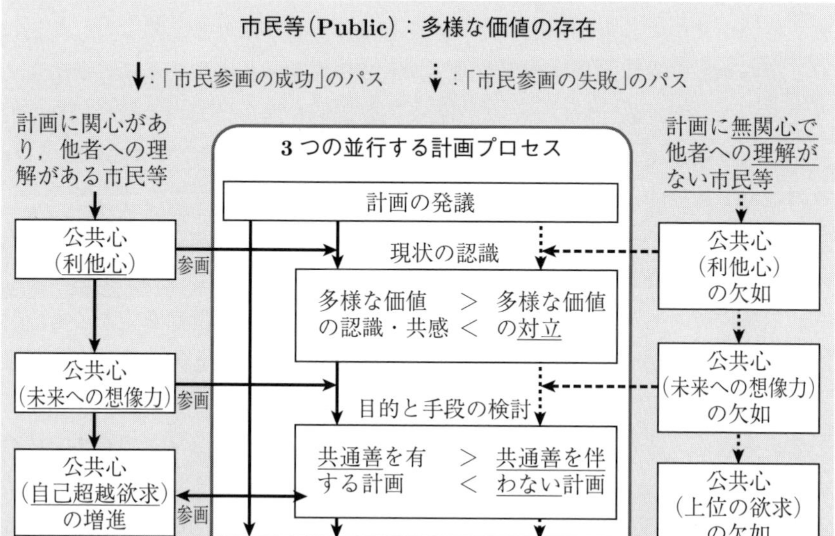


**図 7.4**　計画への参画と公共心，共通善形成の構図

この間に自己超越欲求などを増進することも期待できる．

一方，同図の右側には計画に無関心で他者への理解もない市民等が配置されている．彼らは利他心がなく計画への関心も低い．自らの主張はするが価値の対立は放置される．未来への想像力も欠如しており，計画づくりへの参画も消極的であるため，共通善を伴う計画内容を定めることは困難である．そのため計画が仮に決定されたとしても，社会的な合意形成とはいえず，市民等が協力的でないことから公共ディレンマの状態等を生み出すことになる．

同図の右と左のどちらのコミュニケーションの流れを辿って計画の確定に向かうのかは先験的には分からない．常に両方の市民等が居ることが想定され，計画に関心のある市民等は一般に少数派と考えられる．したがって，関心のない市民等を計画の策定や実行の途上で関心のある市民等に変える努力が計画策定主体や実施主体の側に求められることになる．以上は，**公共計画**の策定において市民参画の取組みを強化して，広く市民等の公共心に訴求して左側のコミュニケーションを促進し，共通善を有する計画として定めることで社会的な合意形成を成し遂げ，計画の実行段階で計画の目的達成に市民等が協働で取り組んでいくという構造的な考え方である．このような理想的な構造を本書では**市民参画プロセスの理論**と称することにした．

### 7.2.5　公共ディレンマの構図と解消へのプロセス

先の**図 7.4** に示された「公共ディレンマ」の状態に関して改めて解説しておく．同図では，市民等の公共心が欠如する状況で決定した公共計画に対しては，実行段階で協力が得られないことから，計画の目的を十分に達成することができないという構図が示されている．ここで「公共ディレンマ」は，**第 2 章**で説明したように，「共有地の悲劇」あるいは非協力ゲームの「囚人のディレンマ」としても良く知られている．すなわち，皆が自分だけなら影響が無視できるだろうと考えて共通の資源を消費してしまい，結局として全体に深刻な影響がおよび，その対応に余計にコストがかかるような問題である．

たとえば，工場排水などによる河川，湖沼，海洋などの汚染，温室効果ガスの排出と地球温暖化・気候変動，ごみの違法投棄による環境影響や浄化コストの増加等の問題が挙げられる．土木計画に関わる問題も数多く存在する．たとえば，土地開発に伴う問題では，住宅地などの開発を河川上流側でそれぞれが無秩序に行うと河川中下流側で氾濫する危険が増すことや，開発に伴う森林伐採問題や希少生物の乱獲問題などでは，個々の利益追求で砂漠化や生物絶滅の危機に直面することになる．大空港のスロット問題では，競争環境下で各エアラインが同時刻に飛ばしたいと考える結果，混雑が発生して遅延が生じ，温室効果ガスの排出も増す．都市景観問題では，個々の建物が勝手な外観で建て替わることで，街並みが統一感を欠いて景観が破壊される．都市交通の問題では，違法駐輪問題による都市景観や安全性の低下，あるいは自動車の渋滞で排ガスや温室効果ガスの増加がおこる．地域計画の問題では，自分の居住地だけしか興味を持たない住民が多いと，地域として広域の利益を得るための施策を効果的に実施できない．

このような公共ディレンマ状態に陥ることは珍しくないと考えられることから，そのような場合の対処方法が必要になる．

**図7.5**にはこの問題に社会心理学アプローチで取り組む際の考え方を，[5]をもとにまとめてある．①の「個人の利益追求」が非協力的に進められることで，

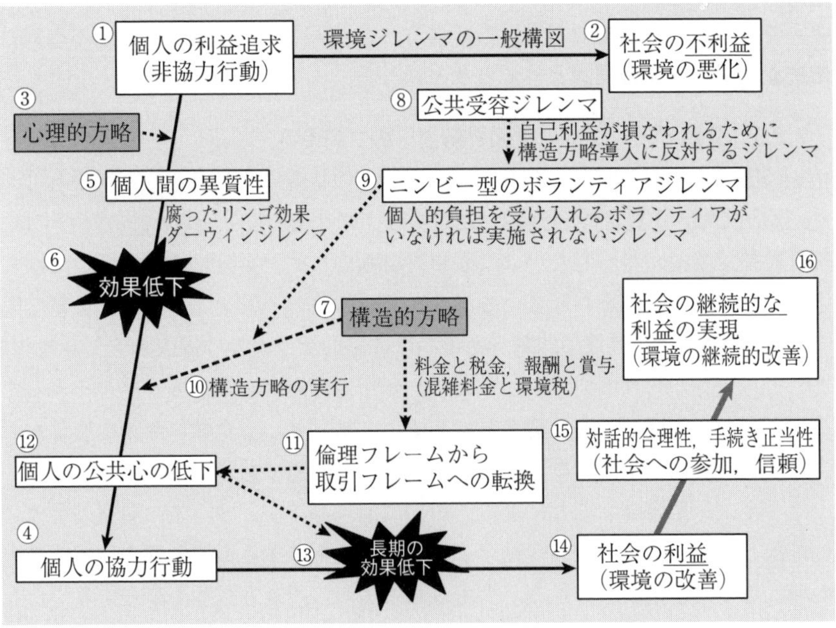


**図7.5**　公共ディレンマの構図と社会心理学アプローチ

②の「社会の不利益」が生じる問題を，④に示す「個人の協力行動」に方向転換させるために，③の**心理的方略**が示されている．心理的方略は，個人の行動を規定している信念・態度・責任感・信頼・道徳心・良心等の個人的な心理的要因に直接働きかけることで，社会構造を変革しないままに自発的な協力行動を誘発することである．

ところが，個人間の異質性の存在，すなわち価値観の異なる様々な個人が必ずしも同調しないことから，心理的方略の効果が低下するため，⑦の**構造的方略**が必要になるとされる．構造的方略は法的規制等により非協力行動を禁止すること，非協力行動の個人利益を減少させること，協力行動の個人利益を増大させること等の方略によって，公共ディレンマを作り出している社会構造そのものを変えようとするものである．

また，構造的方略によって，市民等の考え方が**倫理的フレーム**から**取引的フレーム**に変化することで，公共心の低下をもたらすことが懸念される．ここで，倫理的フレームとは公共ディレンマ状態を倫理的問題と捉えるフレームのことである．すなわち，協力行動を取るのは倫理的に望ましいと考えるからであり，協力行動が取れない理由は，倫理観の欠如にあると考えることである．一方で，取引的フレームとは公共ディレンマ状態を取引的問題と捉えるフレームのことである．すなわち，協力行動を取るのは（金銭的）利益があるためであり，協力行動が取れない理由は取引の失敗にあると考える．その他にも⑭に向かう上での課題が同図に示されているが説明は省略する．

以上より，公共心の低下が公共ディレンマの背景にあり，またディレンマ解消のために構造的方略を取ることでさらに公共心が低下するという悪循環が発生する懸念もある．それらを如何に阻止するかが大きな論点である．そのため，政策や計画の策定段階からの参加を増やすこと，あるいは関心や共感を高めるための取組みを促進させることなど，⑭から⑯に向かうための取組みとして，市民参画プロセスの改善が構造的方略の導入前に必要であり，一定の効果をもたらすと考えることができる．そのようなプロセスをどのようにデザインすれば良いのか，それをコミュニケーションの理論によって考えてみよう．

## 7.3 計画づくりにおけるコミュニケーションの理論

### 7.3.1 コミュニケーションのレベルとPIの本質

市民参画のレベルを分類する試みが幾つかなされている．たとえば，アーンスタインは**参加の階段**として8つのレベルを以下のように示している．すなわち，①**操作**（マニュピュレーション），②**治療**（セラピー），③**情報提供**（インフォーミング），④**意見聴取**（コンサルテーション），⑤**宥和**（プラケーション），⑥**共同**（パートナーシップ），⑦**権限委託**（デリゲイテッドパワー），⑧**自主管理**（シチズンコントロール）である．また，国際市民参画協会では参画レベルを，①情報提供（インフォーム），②協議（コンサルト），③関与（インボルブ），④協働（コラボレイト），⑤権限付与（エンパワー）の5段階に分類している．どちらも参画のレベルが徐々に増す構成として示されている．

公共計画などの場面では協力や協働を目指した参画が想定される場合は少なくないが，権限委託や権限付与などは限定的に留まるだろう．これらが有効なのは，特にコミュニティで住民が直接参加して事業を実施する場合などであり，開発途上国や我が国の中山間地域などで，ローカルな道路のメンテナンスなどに実績がある．当該事業の効果や影響の範囲がコミュニティに限定される場合などでは特に有効なため，土木計画のなかでも小規模な公共計画，公共事業において，**共助**の精神で自ら事業を進める事例として徐々に広がっていると考えられる．

他方，効果や影響の範囲が広い公共計画の策定場面で想定される市民参画とはどのようなものであろうか．本書ではそれを以下のように考えている．すなわち，①計画主体，特に計画の決定主体が法律などで明確にされていて，②その主体が計画づくりを行う場合に，③市民等のニーズに基づく妥当な要求に対応して，④適切な内容の参加機会を広く一般に提供することである．

ここで，①は計画主体の正統性を意味するが，同時に責任ある主体が計画づくりに必要であることを示唆しており，国の大臣や地方自治体の首長，あるいは行政の所管部局の長などが該当するだろう．②は市民参画を始める以上，決めるべき事柄が曖昧では問題ということである．③と④は後述するように「コミュニケーションの理論」に対応する考え方であるが，参加機会を提供して「決める前に問う」という姿勢が本質的な点である．PIは様々な意見があることを共有することにこそ意味があり，それらを強引に集約して1つの結論を導き出すような取り組みはPIと呼ばない．この点は極めて本質的で重要であると思う．少なくとも本書で対象とするPIではそのように考えられている．

また，「決める前に問う」という姿勢は議会などを含む政治との関係で時に議論を生む．政治的な承認は計画決定において極めて重要な要件となるが，国民や市民に問う前にすべてが決着しているようならPIの意味がなくなる．何故なら政治的に決着した後にPIを行ったとしても，計画内容の変更が行政的に難しく形式的な市民参画になり兼ねないからである．たとえば，国の自転車活用推進計画は，根拠となる法律が議員立法で制定された法定計画であるが，その計画の策定前には国民の意見を求めるPIの取り組みが行われ，そのなかで法制化に貢献した議員連盟の意見も国民の意見と共に同等に公開され，それら様々な意見に配慮しつつ計画自体が閣議決定されている．重要なことは，国民や市民の計画への関わりを形骸化しないことであり，「決めた後に聴く」状況を作らないという根源的な姿勢である．

また，公共計画のなかには法律に基づかず任意の取り組みとして市民参画プロセスを行う場合も少なくない．あるいは市民自らが計画づくりを進めることもあるだろう．そのような場合でも①や②を関係者のなかで共有してから③，④を実行することが肝要であり，この場合も「決める前に問う」姿勢が重要な点は言うまでもない．決める前に問う姿勢の重要性は，[13]でも説明され，オレンジ問題として知られる．それを章末問題に掲載したが，我が国では新たな施設を建設するばかりではなく，計画を見直したり取りやめたりする場合も増えている．そのようなタマネギ問題（章末問題7.2 (4) 参照）と称される場合にも，PIを適切に実行することが望まれる．様々な意見を決定前に積極的に聞く姿勢が，法定計画であっても市民主体の任意の計画であっても極めて重要であることを再度強調しておきたい．

なお，討議の場を正式に設ける計画制度がフランスの公開討論などに見られる．それもPIの一種といえる．討議の場の正統性や参加者の代表性など厳しい条件が課されるが，討議結果はその後の計画に大きく影響すると考えられる．討議の条件については，**第4章**に示したハーバーマスの対話的合理性のような厳密な議論が存在し，我が国でも羽鳥らの整理がある[12]．ただ，地方議会における審議などを除けば，厳格な討議が我が国の公共計画のPIで実施されることは少ない．様々なPIの方法があり得るわけだが，多くの市民の意見を聴くことで，多様な価値から社会が選択することの難しさを市民と広く共有することも重要になっている．この点は本書を通して伝えたい市民参画におけるコミュニケーションの本質であり，大きな意義の1つであると考えている．

### 7.3.2　市民参画における縦と横のコミュニケーション

さて，市民参画プロセスにおけるコミュニケーションの基本的な考え方を理解する上で，市民参画プロセスに沿った時間軸上の縦のコミュニケーションと，3つの並行する計画プロセスの横断方向の横のコミュニケーション，という2つを理解することが近道と考えられる．前者は計画主体が進める計画づくりの時間経過と共に，市民等の計画への関わりや公共心に関わる意識・行動が変化することを想定したコミュニケーションの流れである．既に**7.2節**で説明したが，市民参画プロセスの進行に伴って公共心が触発され，計画づくりの最中から計画内容に対する共感が得られ，計画確定後の実行段階では協力が得られることがコミュニケーションの効果として想定される．その結果，地域のソーシャルキャピタルが一層強固になれば，それも市民参画の効果として大きい．

一方，市民参画プロセスにおける横断方向のコミュニケーションは，計画主体や専門家と市民等との横方向のつながりとして示される．**図7.6**に示すような構図で表現することができる．この図では，市民参画プロセスにおけるコミュニケーションのフレームを，**マズローのニーズ**（欲求），**ムーアの関心ごと**，**ハーバーマスの妥当要求**を用いて表現してある．計画の発議から確定に至る各ステップで継続的に行われるコミュニケーションを単純化して示しているが，人々が計画の発議以前から各々の価値に基づくニーズを有していることと，それが計画検討の開始によって何らかの影響を受け，新たなニーズを生じさせること，新たなニーズは人々の関心ごととして表明されることが表現されている．また，他者の意見との相違を理解し，あるいは他者の意見に共感するなど，市民相互のコミュニケーションを，「善悪・美醜・聖俗等の検討」のため，横のコミュニケーションとして発展させることが重要な意味を持つ．

計画策定主体は，市民等から表明された関心ごとを，4種類の妥当要求概念に照らして的確に整理し，3つの並行する計画プロセスのどこで対応するかを判断する．**第5章**で解説したように，真偽に関わる関心ごとは技術検証プロセ

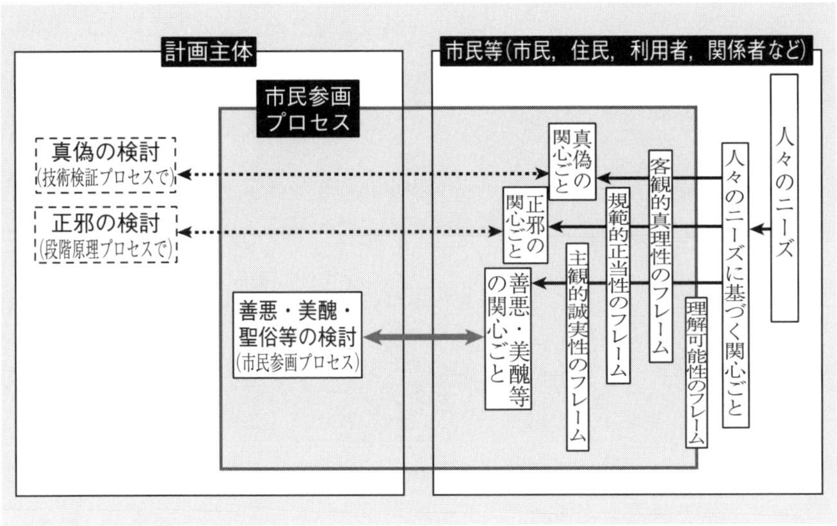


**図 7.6**　市民参画プロセスにおけるコミュニケーションの構図

スで，正邪に関わる関心ごとは段階原理プロセスで，また市民等の様々な価値に関わる論点は市民参画プロセスで，それぞれ必要に応じて検討されることになる．

以上に説明した**図 7.6** におけるコミュニケーションの構造は，計画策定主体側がコミュニケーションを実施する際の１つの考え方とみなせることから，本書では**コミュニケーションの理論**と称することにした．

### 7.3.3　市民等のニーズと関心ごとの表明

まず，「コミュニケーションの理論」に示された欲求と関心ごとについて説明する．先に示したマズローは欲求の階層論をビジネスの世界を念頭に提示したが，それらは一般の市民等のニーズにも当てはめることが可能と考えられる．すなわち，

①**生理的欲求**（フィジオロジカルニーズ）は「騒音で眠れない生活はいやだ」といった根源的な欲求
②**安全欲求**（セイフセキュリティニーズ）は「安全に暮らしたい，安定した生活をしたい」といったニーズ

③**所属欲求**（ソーシャルニーズ）は「隣人と離れたくない」といった社会生活の基本的なニーズ

④**尊敬・承認欲求**（エスティームニーズ）は「コミュニティで尊敬されたい」といった比較的高い欲求

⑤**自己実現欲求**（セルフアクチュアリゼーションニーズ）は「ライフワークを追求したい，住むまちを良くしたい」といった高い欲求

である．マズローは晩年にさらにもう１つのニーズを加えたが，それは

⑥**自己超越欲求**（セルフトランセンデンスニーズ）であり，「他人のために尽くしたい」といった利他心に満ちた欲求

である．彼は⑥を最高位に位置付けたが，これが利他心の１つと考えられることは既に述べた通りである．

公共計画はその性格上，不特定多数の人々に利益をもたらすと同時に，一部の人々に影響を及ぼし負担を強いることがある．市民参画プロセスでは，前者の人々に共感や協力を期待すると同時に，後者の人々に対して丁寧かつ適切に対応することが求められる．計画の発議によって，特に後者に該当する可能性のある人々の①から③のニーズに関わる懸念や不安が生じる．そのことに十分なコミュニケーションで対応する必要がある．また，市民参画プロセスへの継続的な関わりを通じて④や⑤，あるいは⑥の欲求が大きくなることも想定される．

**図 7.7** は計画づくりの前後で変化する欲求についてイメージしたものである．すなわち，計画の発議を受けて，安全欲求や生理的欲求などが高まると想定されるが，市民参画プロセスにおける十分なコミュニケーションの実施によって，計画内容の理解が深まり，計画への関心や共感が高まれば，計画に関わって協働の取り組みを進めるなど，自己実現や自己超越の欲求充足に向かう意識が強くなることも想定される．

なお，計画の発議以降，計画づくりの進行に伴って発生する人々の欲求の変化は，計画への関心ごととして表明されると考えることができる．ムーアは住民参加で直接対話が行われる場面で生じるコンフリクトに関して，３つの関心ごとによる概念を提示した．すなわち，人々の関心ごとが①満足するかあるい

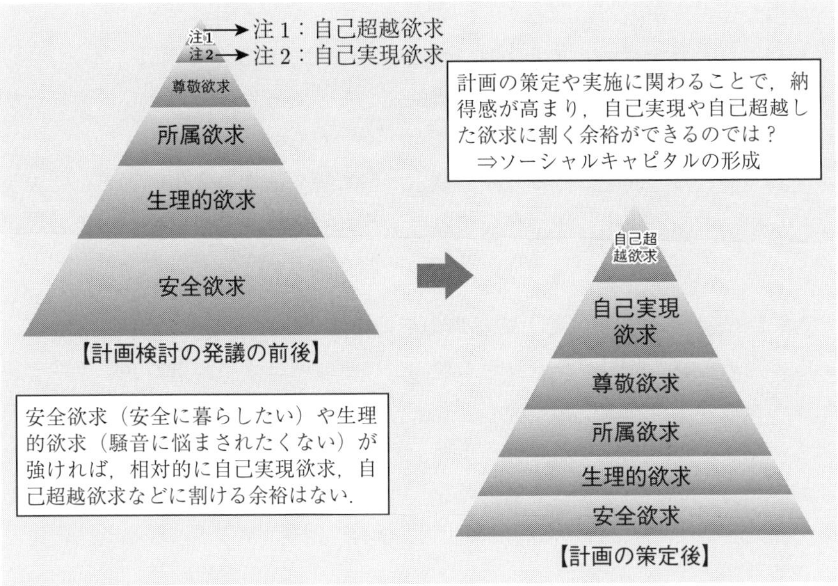


**図 7.7**　市民参画プロセスの前後での人々のニーズの期待される変化

は引き換えたい明白な利益に関わる**実質的関心ごと**，②同意に至るプロセスや方法に関わる**手続き的関心ごと**，③個人や団体への扱いなどに関わる**心理的関心ごと**の 3 つである．これらを**図 7.8** に示すように，関心の三角形と称した．この三角形は，交渉という実践的な場面で広く用いられ，我が国の市民参画の実践場面でも活用されてきた．

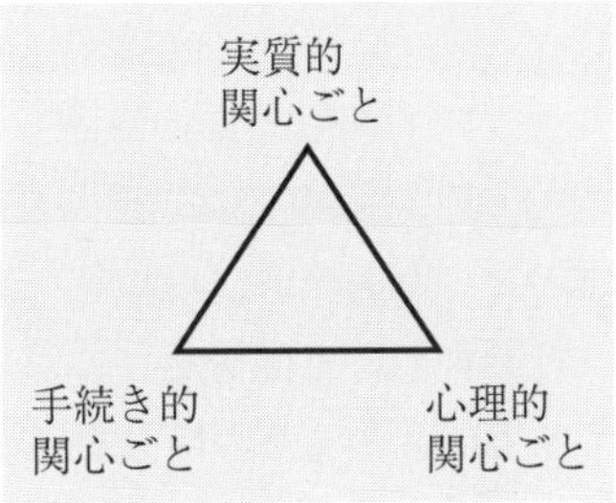


**図 7.8**　関心ごとの三角形

実質的関心ごとには，「交通量は将来減るのではないか」，「周辺の環境はもっと悪くなるのではないか」，「本当はもっと安く造れるのではないか」といった事柄が該当する．手続き的関心ごとには，「民主的な手続きを踏んでいないのではないか」，「情報をちゃんと公開していないのではないか」といった事柄が該当する．そして心理的関心ごとには，「市民を馬鹿にしているのではないか」，「談合はいつまで経っても無くならないのではないか」などといった事柄が該当するだろう．

計画策定主体が人々の関心ごとに向き合えず，異なる関心ごとで答えを返しても相手はそれを受け止められず，ボタンの掛け違いが生まれる．たとえば，手続き的関心ごとが強い場面で，実質的関心ごとである計画の必要性を理路整然と伝えたとしても相手は納得することがないだろう．

なお，これらの関心ごとは人々の欲求への影響や欲求の変化に対応して表明されるが，計画策定主体がそれらにどのように対応可能であろうか．その際に相手の主張の根拠についても理解を深めておくことが肝要である．

### 7.3.4　表明された関心ごとの論理の把握方法

そのため「コミュニケーションの理論」に示された妥当要求のフレームを通して，市民等から表明される関心ごとを分類する際の考え方について補足しておく．個々人の関心ごとが真偽・正邪・善悪等の価値に分類できるとして，コミュニケーションの場面でまず重要なことは，それぞれの関心ごとの主旨を正確に捉えることだろう．そこで本項では，**演繹**，**帰納**，**アブダクション**，**類比**という4種類の代表的な論理パターンを対象に，例を挙げて簡単に説明しておく．

①**演繹**：原則，事例の後に帰結を示す1つの分析的推論であり，認識を拡大することはない．たとえば，

R（原則）：交通量が少ない道路の必要性は低い

F（事例）：この道路計画の予測交通量は少ない

E（帰結）：この道路計画の必要性は低い

といった例が挙げられる．演繹によって示された意見に対しては，「原則」が社会における価値として妥当か否かが要点になるだろう．様々な価値が対立する計画づくりの場面で，「原則」が成り立つ範囲を明確にすることが必要である．交通量が少なくとも他の理由で必要な道路は存在することから，他の価値に基づく必要性を論点に加えることも考えられる．また，仮に「原則」を共有した場合にも，「事例」として挙げられた事柄については，技術検証プロセスにおいて，必要に応じて事実関係を再調査することもあるだろう．

②**帰納**：事例，帰結の後に原則を持ち出す1つの総合的推論であり，認識を拡大する．たとえば，

F（事例）：我々2人はA地区の住民である

E（帰結）：我々2人は環境悪化を気にしている

R（原則）：A 地区の住民はみんな，環境悪化を気にしている（はずだ）

といった例が挙げられる．ここで帰納は不完全な推論であり，原則を導き出す展開に不確実性を伴うことに弱点がある．このような主張は数多くなされるが，コミュニケーションを重視した計画づくりであれば，冷静で事実を踏まえた対処が可能になるだろう．「環境悪化を気にしている」という関心ごとを掘り下げて理解し，他の住民の懸念と異なることも想定しつつ，個々の懸念に丁寧に対応することが必要になるだろう．

③**アブダクション**：帰結，原則の後に事例を持ち出す 1 つの不確実な推論であり，1 つの仮説しかもたらさない．例として，

E（帰結）：この道路工事の建設費は高い

R（原則）：建設費が安ければ談合はまずない
（談合があると建設費は高いようだ）

F（事例）：この道路工事では談合している（に相違ない）

を挙げておく．アブダクションは 1 つの仮説に過ぎないが，懸念や疑念を持たれる場合には，情報提供や説明が十分でない場合が少なくない．丁寧な対応が求められるが，論理的で事実に基づく情報提供や十分な意見交換が必要な場合が少なくないだろう．コスト削減のための検討も継続的に行うことが望まれる．

④**類比**：事例，帰結の後に別の事例，帰結が続く，推論とはいえない比較考察である．例として，

F（事例）：以前の計画は情報を十分に公開しなかった

E（帰結）：以前の計画は行政が勝手に決めたものである

F（事例）：今度の計画も情報を十分に公開していない

E（帰結）：今度の計画も行政が勝手に決めようとしている

を挙げておく．類比も不完全な推論ではあるが，この種の過去の経験や知識に基づく意見にも，計画策定主体は耳を傾ける必要があるだろう．この種の関心ごとの表明は「手続き的関心ごと」と「心理的関心ごと」の両方に関わっていると思われることから，現場の課題として正確に認識し，その後のリスクを下げるためにも誠実な対応やプロセスの改善などを心がける必要があるだろう．

以上に示した例題は典型的な論理パターンではあるが，それらに必ずしも当

てはまらない数多くの意見表明があると考えられ，それらの分類や整理には極めて煩雑な作業が伴う．そのことが積極的なコミュニケーションの足かせになる場合も想定される．人力では整理に限界があるような場合に，多数の意見を予備的に機械学習のアルゴリズムを用いて分類することや，コミュニケーションに対話型 AI を用いて関心を引き出すこと等，市民等と計画の策定主体との信頼関係を保てる範囲であれば，新技術を用いたコミュニケーション支援の方法も活用すべきであろう．信頼の構築が最も大切と考えられることから，十分な情報提供と人による誠実なコミュニケーションが大前提であることはいうまでもない．

### 7.3.5　市民相互のコミュニケーションの全体像

以上に解説したように，計画策定主体と市民等とのコミュニケーション，市民相互のコミュニケーションの両方が行われるコミュニケーションの全体像を，改めて**図 7.9** のようにまとめて示すことができる．この図にはコミュニケーションの具体的な手順は表現されていないが，3 つの並行する計画プロセスの全体像のなかで，市民参画プロセスがどのような位置付けにあるかが概念とし

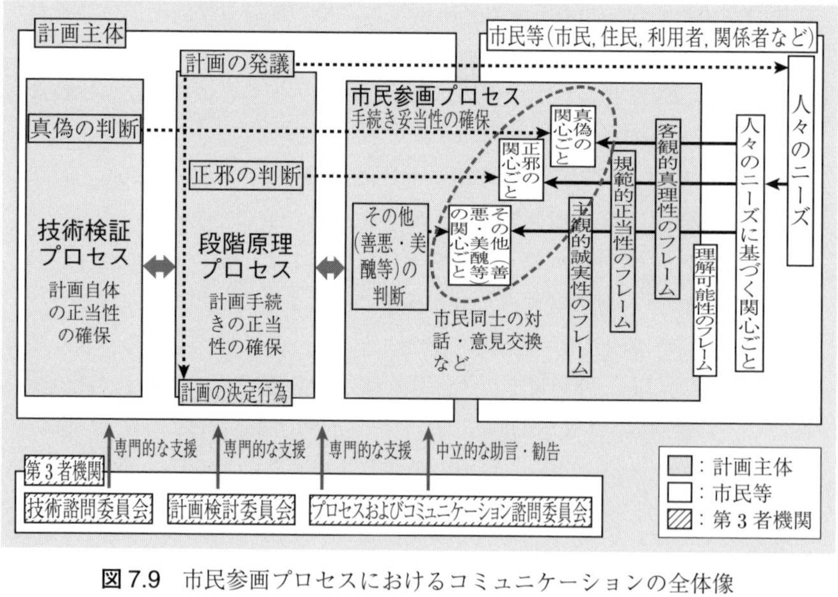


**図 7.9**　市民参画プロセスにおけるコミュニケーションの全体像

て描かれている.

計画の発議が段階原理プロセスで行われると，それが市民等の従前から有するニーズに影響して関心ごとを生む構図が描かれている．既に解説した通りだが，表明された関心ごとを適切に整理して真摯に対応することで，市民等との信頼関係を高めた手続きを進めることが可能になる．過去には「寝た子を起こすな」と言って，発議を明確にしないまま計画検討を進める事例があったが，その結果後になってより深刻な反対運動などを発生させ，計画がストップした経験が少なからずある．そのようなリスクを下げるためにも早いタイミングでの市民参画の実施が求められてきたことを改めて強調しておく.

なお，関心ごとのなかで，真偽や正邪の判断に関わる検討は技術検証プロセスと段階原理プロセスとで担うことになるが，同図に示したように，その他（善悪・美醜等）の関心ごとに対応する判断は市民参画プロセスが担い，同時に様々な個人の価値が表明されるなかでコミュニケーションを行うことが市民参画プロセスの役割になる.

その際，市民同士の対話や意見交換の場を大いに活用することが重要であり，市民等の個々の意見すべてに計画策定主体が直接対応してしまうべきではないだろう．元々，市民の間にも意見の違いや隔たりがあり，既に強調したように，市民参画プロセスは，少なくとも相互に意見の違いがあることを理解しあう機会を提供する．公共のものごとに関しては，結局，誰かが決しなければならないが，計画策定主体が市民に個別対応してしまうと，社会に様々な考えがあることや，それらが必ずしも一致していないことなどの相互理解が促進されないかもしれない．相互理解は個別対応を繰り返しても広くは浸透できないだろう.

また，行政の人員削減が進んできた．そのため仮に効果が期待されても，市民参画プロセスを十分に導入できない場合があるだろう．計画の種類にもよるが，市民同士が自主的に意見交換できる場の提供を市民側から提案するなど，行政対市民という旧来の対立構造を乗越える市民参画のありかたが大いに構想されるべき時期にあることを付記しておきたい.

## 7.4 市民参画による計画づくりの実践

本節では市民参画を積極的に取り入れた計画づくりの実践事例を紹介する．筆者が多少なりとも関わりを持った計画づくりを事例として取り上げるが，我が国の計画検討には様々な方法があり，それぞれの地域に根差し，あるいは適合するための特徴があると考えられる．そのような個別性について本書では解説できないが，読者が将来計画づくりに携わることがあれば，是非，応用問題として，地域に適合する計画プロセスをデザインして実践してもらいたい．

以下の例に共通することは，計画プロセスの全体像を事前にデザインすることで進捗管理を円滑に行えること，計画検討の発議を行うことで市民にプロセスを約束すると共に計画策定主体の意思統一が行えることである．また，最も重要であるのは，それぞれの計画づくりをデザインし運営する優れた行政官やコンサルタントの存在である．

以下の計画づくりには行政の若手キーパーソンがいた．そしてそのキーパーソンと志を共有するチームがあった．コンサルタンツの支援もあったし，理解のあるトップもいたが，キーパーソン不在ではどれも成功していなかったろう．つまるところ，共通善や公共善といえる公共計画を作る骨の折れる取り組みや，市民からの信頼を得る営み，それらの成否はほぼすべて行政官や技術者の資質とマインドに依存するであろう．土木技術者であるか否かを問わず，高邁な精神，公共心を持った有能な人材が，この分野に今後も関わるかどうか，それがすべてを決するのではないかとも思う．将来もそうあって欲しいとの思いも込めて，以下に紹介していきたい．

### 7.4.1 コミュニケーションを重視した計画づくりの実践

#### (1) 都市高速道路のルート選定の検討プロセス

首都高速**横浜環状北西線**は2020年3月に開通した都市高速道路である．東名高速道路と第3京浜国道，さらに横浜環状北線を経由して首都高湾岸線までを繋ぐことから，首都圏南西部の環状方向の広域の道路機能を分担することが期待された高速道路である．

この道路の概略計画（構想段階）の検討では，市民参画を積極的に取り入れて，**図7.10**のプロセスで道路のルートと構造とが検討された．この図のプロ

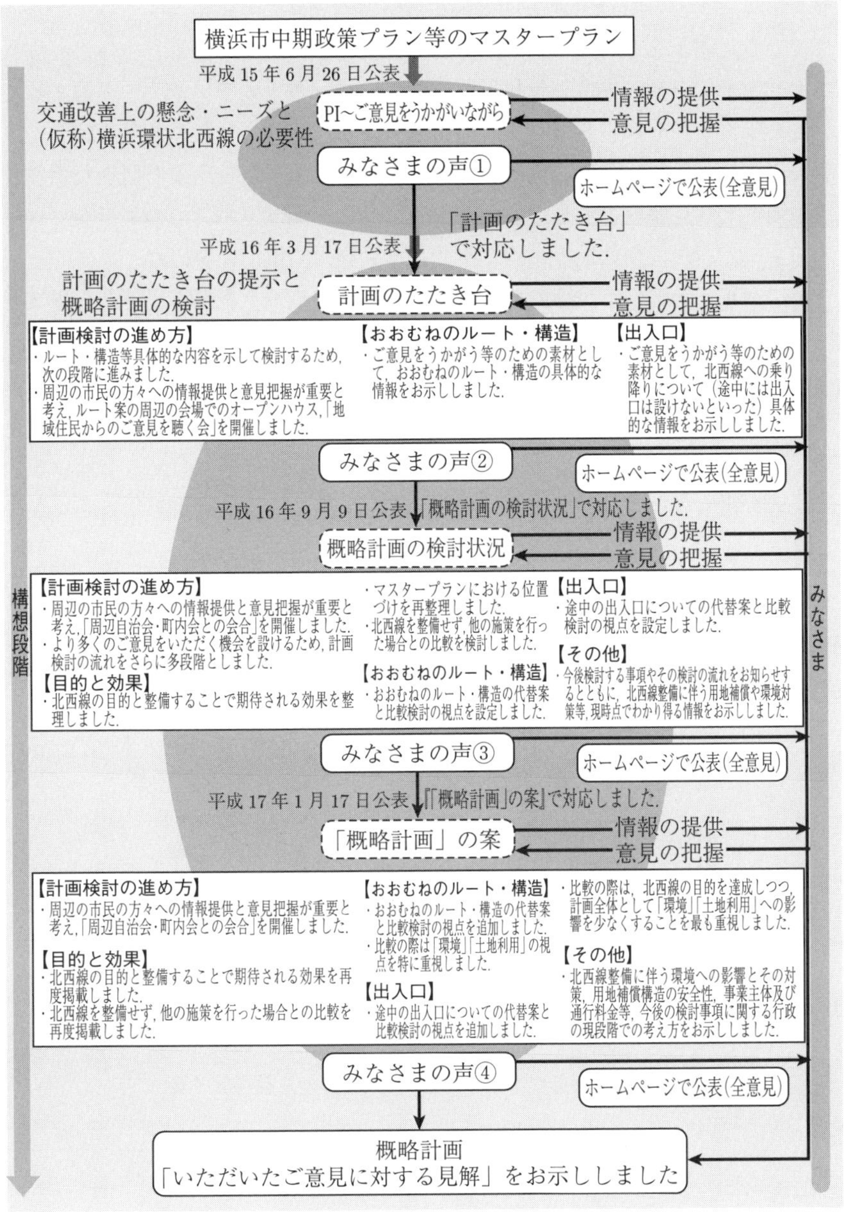


**図 7.10**　横浜環状北西線（首都高）の計画プロセス

セスには，本書の段階原理プロセスと市民参画プロセスに相当する部分が描かれている．国土交通省，横浜市，首都高速道路からなる計画策定主体が，広報誌やメディアを通じて情報を提供しつつオープンハウスやアンケート調査等で意見を収集し，それらを取りまとめて公表する．そして多数の意見を踏まえた計画資料を作成し，それを次のステップに進んで公表する．また同様な手順で情報提供と意見聴取というコミュニケーションを繰り返す．このようなプロセスによって，市民や住民等の抱く不明点や疑問点の解消に努めた．

特に，ルートへの市民等の関心は高く，様々なルート案が市民等から提案された．そこでそれらの提案を含めて比較検討を繰り返して1つの案に収束させるステップを踏むことで，市民参画に向きあう計画主体の誠実な姿勢を示すことになった．このステップを丁寧に行うために，計画主体が多くのリソースを割く必要が生じ，たとえば**図 7.11** に示したようなオープンハウスや地域住民の意見を聞く会などが多数開催された．そして，その効果は事業化に向かう次の段階で顕著に現れることになった．

**図 7.11**　オープンハウスと地域住民の意見を聴く会

### (2)　構想段階以降へのプラスの効果

本計画では概略計画が定まり，都市計画と環境アセスメントの手続きに入った後，市民等の意見を聴取する法定機会で他の事業との差が歴然と現れている．アセス準備書への意見は 11 件に過ぎなかった．また，都市計画案に対する意見も 20 件で反対意見を提出したのは 1 名のみであった．東京近郊の都市高速道路の計画では，効果と共に沿線への影響も大きいことから，一般に多数の反対意見を受けることが少なくない．隣接区間である横浜環状北線では，PI を実施していないこともあり，アセス準備書への意見は 29 万件，都市計画案に対する意見に至っては 54 万件であったという．これらの大半が反対意見であったと想像されることを考えれば，横浜環状北西線への意見，特に反対の少なさが際立っていることが分かる．

これは構想段階で十分にコミュニケーションを行った成果ということが明らかであった．都市計画段階でこれほど意見が少なかった理由は，構想段階の PI によって，計画への理解が深まり，意見を十分に伝え，それが行政に受け止められたと，多くの市民が感じていたためと考えられる．横浜環状北西線はその後事業化に至り，**図 7.12** に示すように順調に工事が進められて，(1) の冒頭に述べたように既に開通して，短い区間ながら首都圏の高速道路ネットワークの一翼として十分な機能を発揮している．

**図 7.12**　工事中の横浜環状北西線（港北インター周辺）

### 7.4.2　構想段階の計画プロセスガイドラインの取り組み

#### (1)　国土交通省によるガイドラインの策定

国土交通省では公共事業の構想段階における**計画プロセスガイドライン**を策定して，公共事業全般の手続きの改善を図った．同ガイドラインでは，「住民参画の下で，社会面，経済面，環境面等の様々な観点から総合的に検討を行い，計画を合理的に導き出す過程を住民参画のもとで進めていくこと」としており，いわゆる戦略的環境アセスメントを含む手続きであるという立場でガイドラインが策定された．なお，構想段階における戦略的環境アセスメントについては，その後，環境影響評価法が改正され，新たに「計画段階環境配慮書」という名称で環境影響評価の手続きに導入された．

同ガイドラインでは，「公共事業の計画に関して国民の理解を得るためには，計画自体が適切であることはもちろんのこと計画プロセスに対して透明性，客観性，合理性，公正性が確保されていることが重要」とされ，「国土交通省所管の河川，道路，港湾，空港等の国等が実施する事業のうち，国民生活，社会経

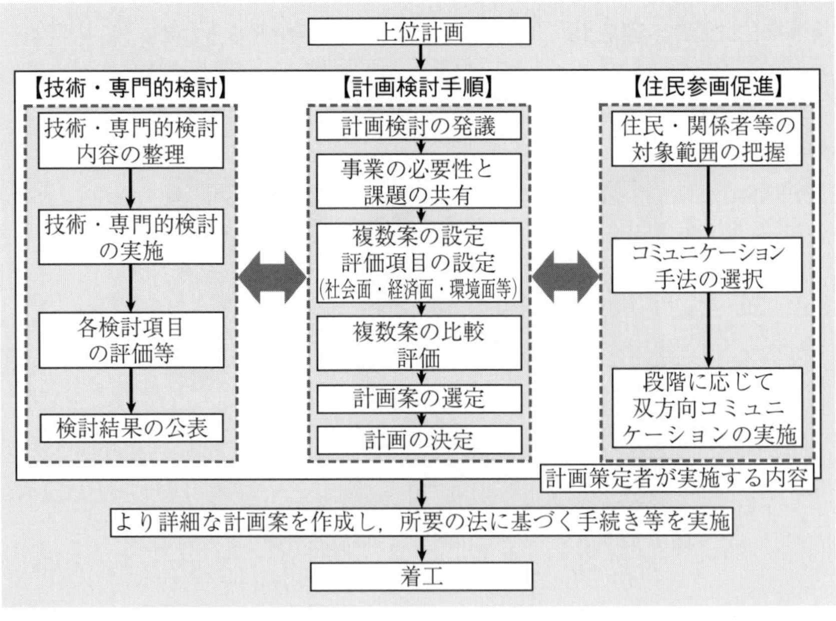


図7.13　公共事業の構想段階の計画検討プロセス

済又は環境への影響が大きいものに関係する計画で構想段階にあるものに適用することを基本とする」と明記されている．**図 7.13** に同ガイドラインで示されたプロセスを掲載したが，①**計画検討手順**，②**技術・専門的検討**，③**住民参画促進**という 3 つのプロセスを同時に進行させることで計画づくりを行う手続き体系は本書の考え方と同じである．計画を発議する，すなわち計画検討の開始を公表することが最初のアクションとして明確にされている．同種の考え方は，その後，国土交通省道路局の市民参画型計画プロセスのガイドラインの改訂でも反映され，代替案の比較検討を行うステップにおいて，**環境配慮書**と**計画段階評価**とを一体で実施する手順として示されている．

### 【コラム 7】　ファウストと市民参画プロセス

ゲーテの書いた「ファウスト」をご存知であろうか．講義でも度々引用するのだが，この戯曲には市民参画プロセスに関わるエピソードが登場する．主人公のファウストは，悪魔に魂を売る代償として万能の力を手にいれる．紙幣を発行して国を富ませたり，人造人間を造ったり．今でいえば金融工学や生命工学の道である．それでも彼は満足できない．最後に彼が満足して悪魔との契約を果たそうとしたのは，荒れた土地を開墾して新しい都市を築き，そこで多くの人々が幸せに暮らす姿，嵐のさなかに皆が助け合う姿を感じ取った瞬間である．ファウストは土木技術者の抱く夢と同じ理想を実現して，人生の終焉を迎えるのである．

ハッピーエンドにみえるが，このコラムでは話はこれからである．実はファウストには，たった 1 つの後悔があった．都市づくりを進める最中に，その土地に古くから住む老夫婦が立ち退きに応ぜず，ある晩不審火で彼らを焼死させてしまったことである．メフィストフェーレスの仕業だと思われるが，都市づくりと住民の反対．今に通じる問題であり，市民参画プロセスの備わらない時代の悲劇ともいえる．それをあえて物語の最後に挿入したゲーテの心情は，将来の世代に解決して欲しいとの願いであったように思う．

### (2) ガイドラインの適用第1号の計画づくり

国交省のガイドラインと同時期に環境省から出された戦略的アセスメントガイドラインの適用第1号が，沖縄県の**那覇国際空港**の機能拡張（滑走路増設）計画であった．那覇空港は自衛隊との共用空港でありながら，滑走路一本の空港であり，将来的に民間航空機の離着陸回数が共用下で容量限界に達することが予測された．実際，計画検討時に予測した2020年の旅客需要を既に2017年の実績が大きく上回っている．

さて，那覇空港の容量拡大に関する概略計画（構想段階）の計画プロセスを**図7.14**に示す．那覇空港では概略計画に先立つ4, 5年前から交通政策審議会航空分科会の答申にもとづき，同空港の将来のありかたについて積極的なPIを**調査段階**と称して実施していたため，構想段階では半年間という短い期間で概略計画を策定することに成功している．

半年間で行われたコミュニケーションではあるが**表7.1**に示すように，説明会やオープンハウスを含め，積極的で多様なPIの取り組みが行われたことが分かる．適用第1号であったこともあり，環境省から特別に意見書が出され，構想段階の本計画プロセスが肯定的に評価され，また同時に，その後行われる予定の環境影響評価の段階では，構想段階のコミュニケーションを十分に踏まえるようにと要請された．構想段階を通じて，計画に関わる情報提供を行ったレポート，構想段階の終了時に公表された計画案の取りまとめレポート等に加えて，PI活動の評価レポート，技術検討に関わる意見に対する見解・対応を取りまとめたレポートなど，計画プロセスのエビデンスとして公表されたレポート類は半年の活動の割に豊富である．

これらの活動によって，**図7.15**に示す新しい滑走路が海上を埋め立てて建設され，既に2020年3月に供用開始されている．計画代替案は，既存の滑走路からの距離を1310 m, 870 mとする2案であった．前者は容量拡大効果が大きいがターミナルからの距離は増し，サンゴ礁のある場所に滑走路を建設することになる．一方，後者は容量増加が若干劣り，かつ干潟に大きな影響を及ぼすことが明らかな案であった．計画プロセスを通して1310 mの案で進めることの利点が評価され，環境影響に対する一定の配慮も可能と考えられて，選定された．丁寧な市民参画が調査段階より行われたことから，特段の反対を受けることもなく概略計画が確定し整備が行えたと考えられる．

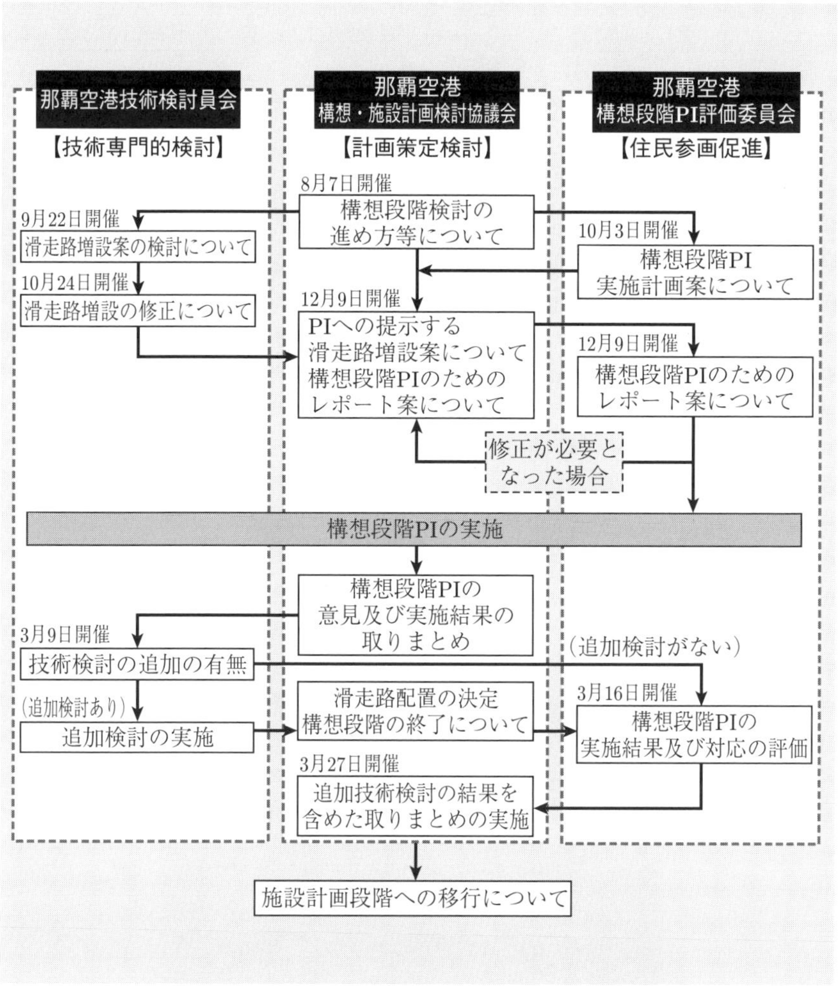


**図 7.14**　那覇空港の構想段階の計画策定プロセス

**表 7.1*** 那覇空港の構想段階での PI 実施状況

| 項目 | | | 実績 |
|---|---|---|---|
| PI 実施期間 | | | 平成20年12月15日～平成21年2月6日 |
| PI 実施内容 | 情報提供・意見収集 | 説明会・懇親会 | 35回 |
| | | パネル展示 | 5か所・延べ103日 |
| | | オープンハウス | 30か所・延べ190日 |
| | | シンポジウム | 1回 |
| | | PI レポートの配布 | 構想段階 PI のためのレポート 86,549部<br>〃 （詳細部） 1,094部 |
| | | ホームページ | 実施期間中に専用ページを開設・公開 |
| | 事前周知・広報 | テレビ・ラジオ | 行政テレビ・ラジオの活用 |
| | | 新聞 | 県内主要紙への広報掲載 |
| | | 行政広報誌 | 沖総局・沖縄県・県内16市町村の広報誌 |
| | | ホームページ | 実施期間中に専用ページを開設・公開 |
| PI 実施結果 | 説明会等への参加者数 | | 9,692人 |
| | アンケート回答者数 | | 18,025人 |
| | アンケート等で意見を寄せた方 | | 13,531人 |
| | 意見総数 | | 27,543件 |
| | ホームページアクセス件数 | | 11,005件 |

**図 7.15** 那覇空港の第2滑走路（工事中の写真）

### 7.4.3　東日本大震災からの復興まちづくりへの適用

#### (1)　復興まちづくり計画の策定プロセスの設計

2011 年 3 月の東日本大震災の津波被害を受けた三陸の各地域では，災害直後から復興計画の策定と沿岸部各地区の復旧・復興の取り組みを，限られた自治体職員が献身的に進めていた．岩手県宮古市もそのなかの 1 つであったが，市内の被災箇所は 33 に及び，震災後に再設置された都市計画課の 5 名の職員が個別に担うことは困難にみえた．そこで，各地区共通の計画プロセスを用意することが考えられた．また，行政が中心で計画を策定しても，被災住民や広く市民の理解を得た計画内容でなければ，復旧後に戻る人の少ない無用な土地開発になる懸念が被災地全体で指摘されていた．

そこで先に示した国交省が策定した構想段階の計画プロセスガイドラインを，地区復興まちづくり計画の策定に適用することが検討された．当時，防潮堤の建設，高台への移転，区画整理事業，都市計画施設の整備などを，同時に検討して地区の計画として定めるための標準的なプロセスは，国を含めどこにも用意されておらず，依って立つ全体指針が特にない状況からのスタートであった．そのため，以下の諸点に配慮して計画プロセスを設計することになった．すなわち，①市職員のリソースの考慮，②住民主導で検討を進められること，③最終決定は市が行うこと，④計画検討の組織の機能・役割を事前に住民に伝え理解してもらうこと，④委員参加の検討会と誰でも参加可能な市民参画の機会とを設けることなどであった．

#### (2)　計画プロセスの運営

**図 7.16** に**宮古市地区復興まちづくり計画**の計画策定プロセスの概要を示す．特にプロセスの運用上の注意事項として，①計画検討手順（段階原理プロセス）の各ステップで具体的に決める内容をあらかじめ関係者間で共有すること，②必要になる科学・技術検討の内容を早期に整理して準備を進めること，③住民参加促進（市民参画プロセス）は事前に公表し，かつ柔軟な手続きとすること，④行政，住民，その他の各主体の役割を事前に行政内部で確定することであった．

**図 7.17** には地区別に開催された復興まちづくり検討会でのワークショップ開催の様子が示されている．被災した 33 地区のなかで特に被害が大きかった，田老，鍬ケ崎，中心市街地，藤原，磯鶏，津軽石などの 10 地区に対しては，

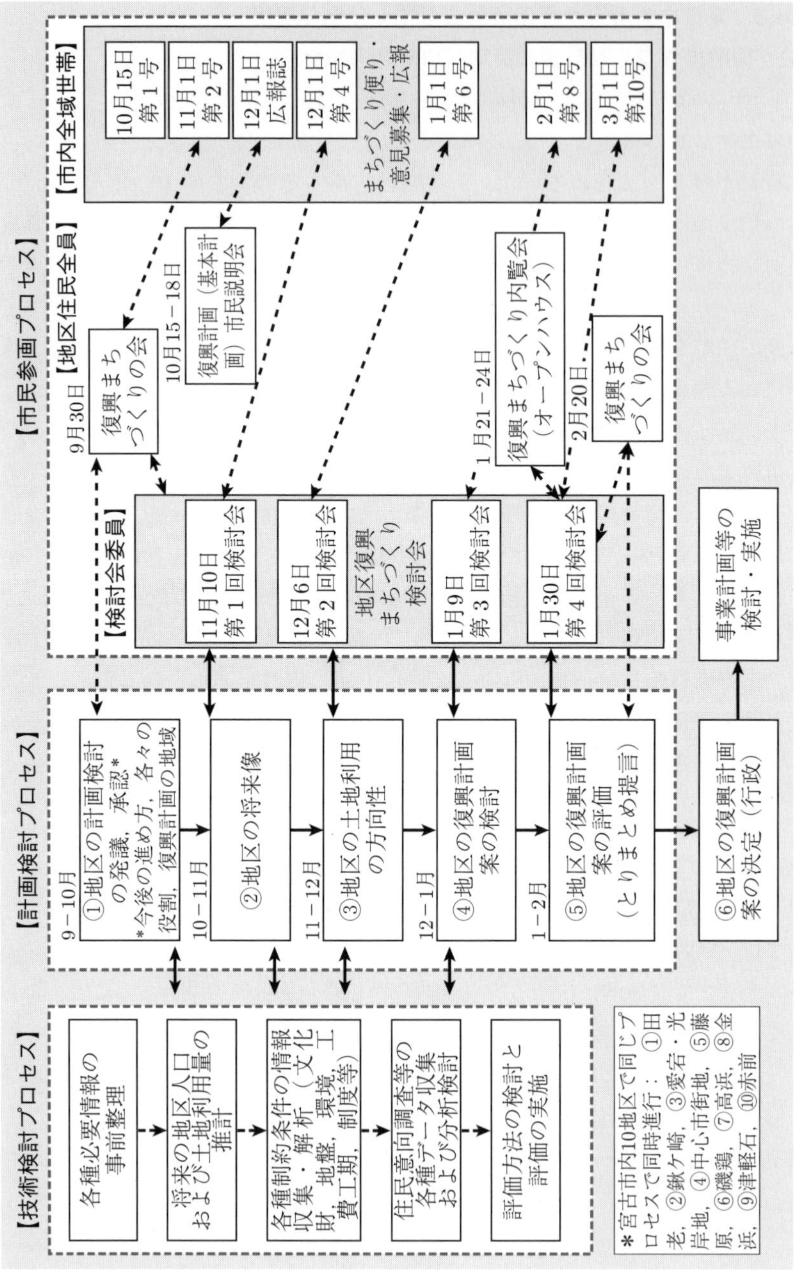


図7.16 宮古市の地区復興まちづくり計画の策定プロセス（鍬ヶ崎地区を例に）

**図 7.17**　復興まちづくり検討会の開催の様子

**図 7.16** のプロセスが採用された．一方，他の 23 地区では，比較的小規模の被災地であることから，被災者に個別に向きあい行政が主導して復興計画案を策定する方式が採用された．

10 地区の市民参画プロセスにおける特徴的な取り組みとして，ワークショップを踏まえた**内覧会**が挙げられる．いわゆるオープンハウスであるが，まちづくり検討会で代表者たちが検討した結果を，他の被災者や住民に説明する場であり，被災住民が他の被災住民に説明する場として用意されたことがユニークであった．**図 7.18** にその様子を示す．このような活動の後に，復興まちづくりの計画案が，各地区の住民から市に提案された．そして，それを受けて市では復興まちづくり計画の方針案を示して構想段階は終了した．

**図 7.19** には鍬ケ崎地区の住民から提案された計画案を示しているが，当地では過去の津波で何度か被害を受けているものの，歴史ある港町という性格上，その都度港の近傍に街を復興させてきた．しかし，今回の津波で再び壊滅的なダメージを受けたため，住民からの提案は高台に新たな住宅地を整備して，そこに集団で移転を希望するものとなった．ちなみに防潮堤の整備計画が大震災以前からあったが，一部の反対もあり事業は進んでいなかった．

さて，レベル 2 の津波（発生すれば甚大な被害をもたらす最大クラスの津波）で被災する場所は居住には適さないため高台などへ集団移転させる政府の方針が大震災後には既に定められていた．しかし，当該地区に限っていえば，宮古

・地区復興まちづくり計画案の内覧会（オープンハウス）が市内 10 地区で開催された
・内覧会では検討会委員（多くは被災住民）などが来訪者（他の被災住民）に計画提案の内容を説明した

仮設住宅における内覧会開催の様子

図 7.18　内覧会（オープンハウス）の開催の様子

**【地区のまちづくりの方針】**
・防潮堤の整備により津波の越流を防御します.
・浄土ヶ浜までの道路を整備し，水産加工施設や観光施設などを配置するなど昔の賑わいを再生します.
・防潮堤の整備や地盤嵩上げ，道路の整備を行い，安全な住宅地を確保します.
・従前コミュニティに配慮しながら，予想浸水深に応じて住宅の移転等を進めます.
・背後の高台に避難場所を整備するとともに，迅速に避難できるよう避難道路を整備します.
・歩行者用だけではなく自動車で通行できる避難道路の整備を進めます.

━国道
↔市道（避難道路等）
↔歩行者避難路等
避難所，避難場所
津波避難ビル・タワー

図 7.19*　住民側からの計画案の提案内容

（宮古市ホームページ：鍬ヶ崎地区区画整理事業に係る調査説明会資料（平成 24 年 7 月 12 日開催））

**図 7.20**　防潮堤と地区内に整備された公園（鍬ケ崎地区）

湾の地形条件により，レベル 1（レベル 2 より発生頻度は高いが津波高は低く大きな被害をもたらす津波）対応の防潮堤でレベル 2 の津波を防げるというシミュレーション結果が計画提案の前後で提出された．

この結果は当該地区の計画づくりに対して科学・技術検討という位置付けであり，それを計画検討に反映することによって，防潮堤建設を前提に低地の元の場所に住宅地を再建する方針が市から示された．津波が防げる地区であれば高台移転の整備を行う根拠がないということが理由であった．住民からの提案とは隔たりのある計画内容であったが，それまでの市民参画プロセスの丁寧な取り組みがあったため，住民側も最終的に受け入れる苦渋の判断を行うに至り，その後，**図 7.20** に示すように防潮堤の建設を含めて概ね順調に整備が進んだ．

### 7.4.4　道路網計画や基本計画への実践事例

#### (1)　調布市道路網計画

東京都調布市は都市計画道路など幹線道路のネットワーク計画に加えて，細街路のネットワーク計画を有している．そのような計画は他都市ではあまり見られないことからユニークである．ただ，長年に亘って計画があるものの，市の財政状況から今後も整備進捗があまり期待できないこともあり，全体の見直しを含めて検討を行うことになった．細街路の整備は，沿道の住宅が建て替わる際に個別にセットバックを要請して道路状空地を前面に確保し，それが連なった時点で一気に買収して道路として供用するという，長い時間を要する方式である．

さて，地方自治体の道路網計画の見直しについては，特に都市計画道路の見直しが全国規模で進められてきた．この背景は都市計画決定から長期間未整備の区間について，その必要性を改めて検討して，場合によっては計画を見直すというものであった．多くの都市が既に検討しているが，調布市では東京都の見直し検討とも整合を図りながら進めていた．

道路の必要性については市民の関心も高いことから，**図 7.21** に示すプロセスをデザインして，市民に情報提供を行い，意見交換の場などを設けながら計画づくりを進めた．そして取りまとめた結果を，調布市道路網計画，技術検討レポート，市民参加レポートの 3 分冊にして公表した．同計画では，幹線道路のなかで廃止する予定路線を抽出し，地区内道路網についても**図 7.22** に示すように整備の優先度の高い路線を明確化している．

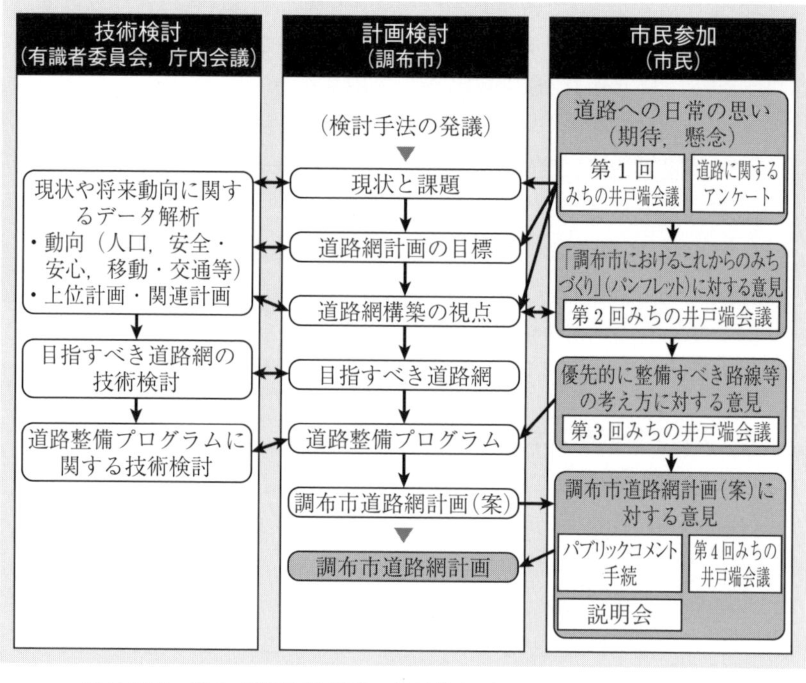


**図 7.21***　調布市道路網計画の計画策定プロセス
(調布市ホームページ：道路網計画，2016，p.34 をもとに改変)

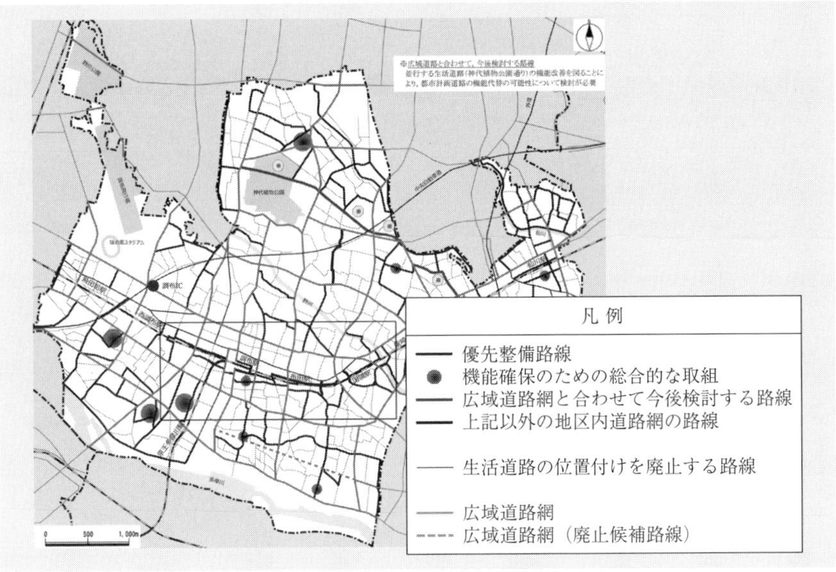


**図 7.22***　調布市道路網計画（地区内道路整備プログラム）
（調布市ホームページ：道路網計画，2016，p.29 をもとに改変）

### (2)　大田区交通政策基本計画

東京都大田区では今後の高齢社会の移動の課題，環境問題，自転車等の交通安全の課題などに交通の面から横断的に取り組むため，基本計画を策定する機運が生まれ，交通政策基本法の制定を機に地方自治体として交通政策基本計画を策定することにした．同計画の計画体系上の位置付けは既に**図 3.3** に示した．

**大田区交通政策基本計画**の検討にあたって，**図 7.23** に示す有識者会と協議会を設置した．前者は専門的な見地から計画の方向性や内容について助言を行い，後者は様々な分野の委員によって構成することで多様な議論を行うと同時に，区民との継続的なコミュニケーションの間に位置する役割を担った．

そして計画検討については，**図 7.24** に示すプロセスをデザインして，専門的・技術的検討，計画検討，区民とのやりとり（コミュニケーション）という 3 つの並行する流れで計画の確定に至るプロセスを採用した．区民とのコミュニケーションでは，情報提供を行いつつアンケートを 2 回に分けて実施し，計画検討の終盤では区民説明会やパブリックコメントを行っている．一般に上位

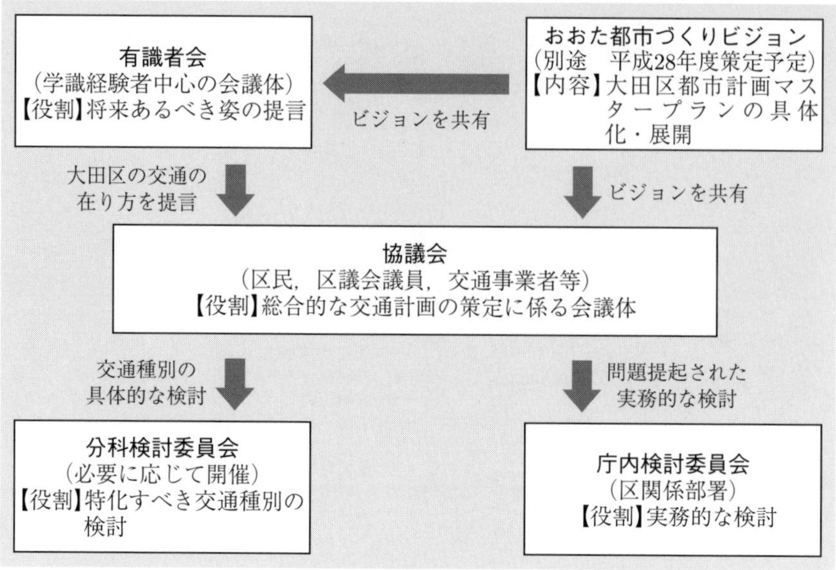


**図 7.23*** 計画検討の体制（東京都大田区の交通政策基本計画）
（大田区ホームページ：交通政策基本計画推進協議会（平成 28 年度））

計画段階の市民参画プロセスでは，市民等の関心を高めることが容易ではない．そのためアンケート調査のように進んで意見を求める工夫も必要になる．アンケート調査では自転車交通など区民に身近な交通への関心の高さが改めて確認され，上位計画の策定段階から区民への積極的なアウトリーチの意義が再認識された．このような成果を踏まえて，その後，同区では自転車の活用推進計画を策定して区民の関心の高い自転車の施策を一層総合的に進める方針を確定している．

### (3)　沖縄鉄軌道構想段階計画

鉄道ルートの計画は従来から非公開の検討で進められることが多い．特に，駅の位置は周辺の地価に大きく影響するし，駅間のルートについても用地買収の対象であれば良くも悪くも関心を高める．しかし，沖縄の那覇と名護を結ぶ鉄軌道計画については，少々状況が異なっていた．

沖縄本島には昭和 20 年 3 月まで那覇と嘉手納の間，那覇と糸満の間に軽便鉄道が運行されていたが，沖縄戦で破壊された後に復旧されていない．そのた

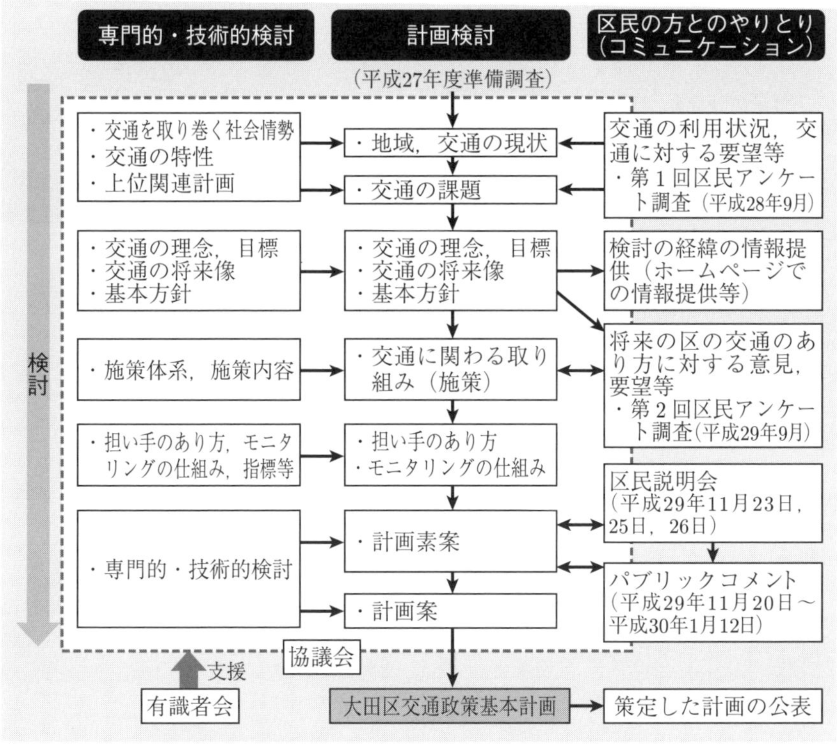


**図 7.24*** 東京都大田区の交通政策基本計画の計画策定プロセス
（大田区ホームページ：交通政策基本計画，p.122）

め全国で唯一鉄道のない県として現在に至っている．一方，那覇と名護を結ぶ都市間の鉄道計画は，沖縄県の基本計画に方向性として位置付けられたものである．そこで**沖縄鉄軌道構想段階計画**の計画検討では，**図 7.25** に示したような検討体制を組織して，専門的・技術的検討を支援する技術検討委員会，計画づくりのプロセスの適切さを監視するプロセス運営委員会，そして計画案について総合的立場から助言する計画検討委員会の 3 つの委員会が連携して取り組むことになった．

計画プロセスについては，**図 7.26** に示すように，計画案の確定までを 5 つのステップに分けて進め，各々のステップで市民参画プロセスの運用を行うというものであった．最初のステップがプロセスのデザインというところから始ま

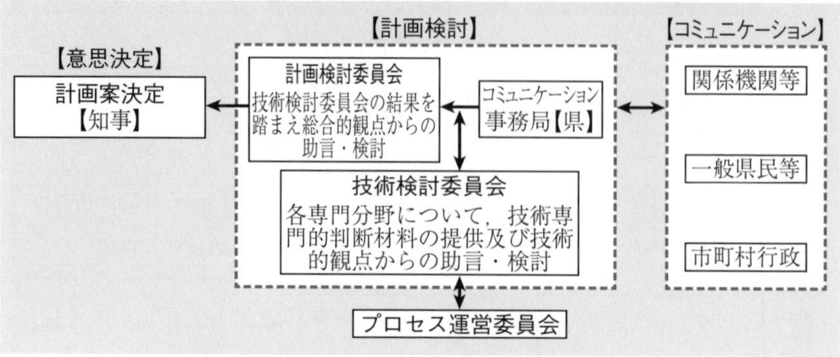


図 7.25*　沖縄鉄軌道構想段階の計画検討体制
（沖縄県ホームページ：鉄軌道構想段階計画，検討プロセス及びコミュニケーションレポート，p.4）

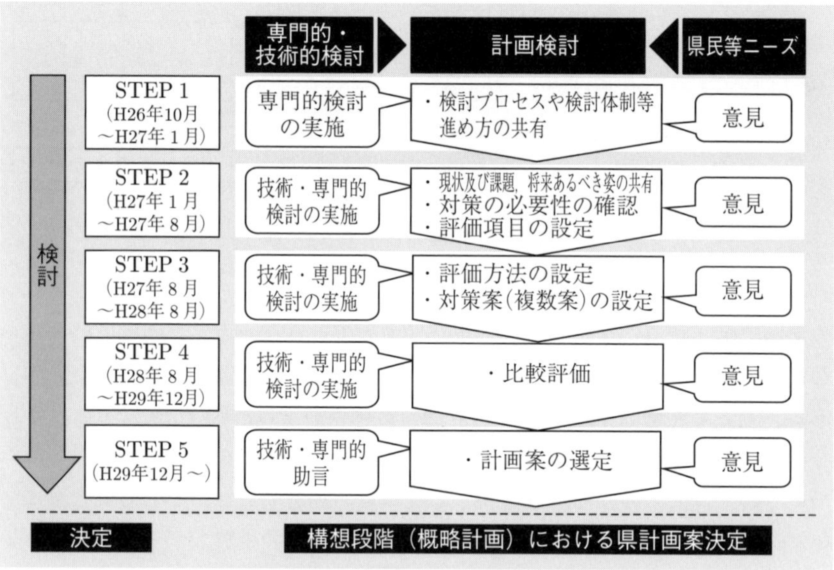


図 7.26*　沖縄鉄軌道構想段階の計画策定プロセス
（沖縄県ホームページ：鉄軌道構想段階計画，検討プロセス及びコミュニケーションレポート，p.4 をもとに改変）

**表 7.2***　沖縄鉄軌道構想段階（ステップ 4）の PI の取り組み
（沖縄県ホームページ：鉄軌道構想段階計画，検討プロセス及びコミュニケーションレポート（ステップ 4），p.194，付 1-1 をもとに改変）

| 手法 | 実施日 | 実施内容 |
|---|---|---|
| 周知ポスターの配布・掲示 | 2017.8/15〜 | • 商業施設，自治会，専門学校，社会福祉協議会，市町村庁舎等幅広く，ポスターを配布し，意見募集について周知 |
| 広報誌 | 2017.9/1〜 | • 県広報誌「美ら海沖縄 9 月号」で計画案づくりの検討状況について掲載 |
| ツイッター | 2017.9/1, 9/8, 10/3 | • ツイッター県公式アカウントで意見募集について周知 |
| HP での情報提供，意見募集 | 2017.9/3〜 | • 各委員会資料やパネル展示等に関する情報を提供<br>• トップページに県民意見募集のバナーを設置 |
| ニューズレターの配布 | 2017.9/2〜 | •「おきなわ鉄軌道ニュース第 6 号」を県内全戸配布 |
| パネル展示 | 2017.9/3〜10/6 | • 60 か所，延べ 325 日（市町村役場等 35 か所，商業施設 13 か所，大学 9 か所，病院 3 か所） |
| オープンハウス | 2017.9/3〜10/6 | • 商業施設，市町村役場等，大学等で開催計 28 回（28 日間） |
| テレビ | 2017.9/9, 9/10 | • 県政広報テレビ番組「うまんちゅひろば」で検討状況を周知<br>• インフォメーションコーナーで意見募集について周知（9/23, 9/24, 9/30, 10/1） |
| ラジオ | 2017.9/27 | • 県政広報ラジオ番組「ラジオ県民室」で意見募集について周知 |

る点でもユニークであり，計画の必要性から鉄軌道の必要性へ，そして代替案評価方法の検討，代替案の比較検討，計画案の選定にいたる丁寧なプロセスが，県民とのコミュニケーションに十分に配慮して行われた．**表7.2**にはステップ4で行われたコミュニケーションの概要を示す．概略計画の確定後には，計画書と共にそれまでの技術検討と市民参画の成果を取りまとめた「テクニカルレポート」と「検討プロセスおよびコミュニケーションレポート」が公表されている．

なお，本計画は事業規模が大きく，計画の実現に向けて一定の時間を要すると考えられた．そこで構想段階（概略計画）の検討では，将来の事業化に向けて早めにルート案を決めておくことで，将来地元の合意形成に手間取ることなく，事業の円滑な進捗が期待できると考えた．すなわち，未だ熟度が高くはない段階でこそ地域的な合意形成を図っておくべきとの考えであった．市民参画プロセスにより公開の場を通じて確定した計画ルートであることから，今後，事業化に向けて進捗した際に地域から安易に変更を求められる可能性は少ないと考えられる．

以上，本節では7つの取組みを紹介した．これらに共通することは，3つの並行する計画プロセスを念頭に計画づくりが進められたことである．本書の種々の理論を構想する上で，これらの取組みが大いに参考になった．そのことを改めて付記しておきたい．

## ◆◆本章のまとめ◆◆

本章は市民参画プロセスについて総括的な理解を深めるために理論と実践とを解説したものである．様々な価値が並立する社会で公共計画を策定するための考え方を整理した後に，共通善として計画を確定するための条件を整理し，特に市民等の公共心が計画づくりに大きく関わりを持つことが示され，そのためにも市民参画型の計画プロセスが必要であることを，その理論と共に理解した．公共心には4つの種類があり，公共ディレンマの構図を乗越えるために人々の共感や共有が進む計画づくりの取り組みが大切になること，そのことで公共心が醸成されることにより，計画づくりの後で協働の体制づくりに繋がることなどを理解した．計画づくりにおける土木技術者の取るべき立場が整理され，計画策定におけるコミュニケーションの理論が体系的に明らかにされた．そして，本書の理論を実践した計画検討の実例の紹介を通して理論と実践に対する理解を深めた．

# 7 章の問題

□**7.1** 次の各問いに答えよ.

(1) 公共心が道徳心，利他心，未来への想像力，自己超越欲求という 4 種類の性質を持ち，この順で計画づくりと関わりを持つ理由を考察せよ.

(2) 共通善として公共計画を策定できないのはどのような場合か考えてみよ.

(3) 市民参画の基本理念とは何か考えてみよ.

(4) 妥当要求が市民の関心ごとを把握する手がかりとはどういうことか.

□**7.2** 交渉術の分野で有名なオレンジ問題というものがある．ここではそれを市民参画の場面を想像して拡張した問題に変えている．以下のストーリーに順を追って回答してみよ.

(1) 2 人の子供がオレンジを欲しがっている様子だ．オレンジは 1 つしかないが，あなたならどうするか？　まず，真偽，正邪，善悪等という観点からどのような対応があり得るか考えてみよう.

(2) 仮に「2 等分して渡す」と伝えたとしよう．その対応に子供たちが納得しない様子である．どうすれば良いだろうか？

(3) さらにここで，3 人目の子供が現れてオレンジを欲しいという．知らなかったので遅れてきたという．さて，どのように対応すれば良いだろうか？

(4) さて，以上の話がオレンジではなくタマネギだったらどうなるであろう．子供たちはジュースにもジャムにもならないし種も蒔けないので立ち去るだろうか？

# 章末問題の解答

## 第1章

**1.1** (1)　計画の５要素の１つである「構成」の多義性を踏まえて，それを「構成」，「手続き」，「体系」の３つに分解する必要が生じたため．すなわち，構成は１つの計画内の要素にとどめ，手続きによって計画策定主体を超えた外部の関与を前提とする手続きを新たな要素とした．さらに関連計画が増して計画間の関係を表現する体系が重要になったことから，１つの計画を超えた要素として「体系」を新設した．

(2)　公共計画の場合，計画の策定主体，決定主体，実施主体を行政が担うことが一般的である．一方，市民等は計画の策定と実施において，参加主体として積極的に関わることが期待される場合もある．そのような場合は策定主体のなかに明示的に含めることもできる．ただし，法的拘束力のある計画などでは，決定主体が行政であると明記されることは少なくない．また，法律や条例などで国民や市民等の協力についての努力義務が明記されることがあり，そのような場合には市民等が実施主体に含まれると考えることもできる．さらに市民等は関係主体，影響主体にも含まれる．

(3)　民間団体の策定する計画，たとえば民営化した公共サービスの企業体が策定する計画が該当すると考えられる．また，行政が設置した審議会や委員会が答申する計画についても，策定主体が行政ではないことから行政計画とは言えないものの，その性質上，公共計画に分類されるものがあると考えられる．ただし，審議会答申などは行政が当該計画執行の根拠を形成するための仕組みであることから，行政が受け取った時点で行政計画とみなすことも可能と考えられ，行政計画でありかつ公共計画という種類に属するものともいえよう．

(4)　「目標」という語句が用いられるのは，最終目標（エンド），数値目標（ゴール）の２つである．最終目標は最終目的と同様な意味であり，究極の目的と考えられるが，数値目標は目的といわれることはなく，期末や年度等の短期目標をさすことも多く，最終目標とは異なる意味で用いられる．本書で整理したように，目的概念にはこのほかに，パーパスとオブジェクティブがある．

(5) 目的と手段の関係が，目的が実現される場合には結果と原因の関係と同値であることから，因果関係の連鎖として直列に複数の計画を配置できる．ただし，そうすると直上の計画の手段を当該計画が目的とすることから，近視眼的に計画が実行されることが懸念される．そのような潜在的な課題から，下位の計画が究極の目的を共有する場合もあると考えられ，その場合は当該計画の目的が直上の計画の手段と完全には一致しないことになる．

**1.2** 略

## 第2章

**2.1** (1) たとえば，都市鉄道を整備する場合を考えてみよう．「最も容易」が「技術的に確立した安価な方法の採用」を表し，「最も美しく」が「当該地域の理解が得られ，また景観的にも優れた方法の採用」を表すとしてみよう．そうすると，市街地を地下構造にし，郊外部を高架構造にする組合せ等が採用されるかもしれない．次に開発途上国で生活道路を改修する場合を考えてみよう．この場合は最も容易で最も美しい手段が，地元住民の自らの手で改修を担うエンパワーメント型の事業になるかもしれない．すなわち，計画の対象や地域によって，最も容易で最も美しい手段は異なることになる．技術と合意形成の両面に配慮することが，現代の解釈として可能と考えられるが，この点は本書の第 4 章以降で 3 つの並行する計画プロセスとして学ぶことになる．

(2) たとえば，都市の下水問題を考えてみよう．各家庭が自分の家だけなら影響ないだろうと考えて環境負荷の高い生活排水を流し続けたとしよう．実は同様な行動をする家庭が多く，そのために河川の水質悪化が止まらず，河川の自然環境破壊や周辺住民への悪臭被害，健康被害などの公害問題が引き起こされたとすれば，それは外部費用型の問題であると同時に，公共ディレンマ型の環境問題であるともいえよう．また，その対策として下水処理施設を建設したいと考えているが，立地場所の周辺住民が反対していて一向に整備のめどが立たないとすれば，それはニンビー型の問題でもある．

**2.2** これらをある年の受講生に質問したところ，(1) に対して 70% の学生が「事実だと思う」と回答した．残りの回答には「分からない」や「条件付き同意」等も含むため，3 割が「事実だと思わない」と回答したのではない．また，(2) に対して 60% の学生が温室効果ガスを直接削減する取り組みを今行うべきと回答し，(3) に対しては 33% の学生が「無条件で個々人の取り組みを認めるべき」とした．上記の割合は年々変化し，最近ではほとんどの受講生が (1) に対して「事実だと思う」と回答しているが，(3) に対しては一定の割合で「個々人の取り組みを認めるべき」との回答が得られる．

さて，ここで，(1) は真偽に関わる問いで，(2) は社会における正邪，(3) は個人の善に関わる問いとみなすことが可能である．社会における正邪の判断は事実を抜きには行えないが，現時点で事実が必ずしも明らかではないとしても，将来社会のため今どうするかが土木計画の課題である．土木計画は将来のことを今決める行為であり，常に不確実性が残るなかで判断が求められる．

事実の認識が相互主観的な判断によるとしても，多数の合意があれば暫定的な判断は可能である．さて，最後の (3) の個人の善の扱いは，社会の正に悪影響を及ぼさない限り，たとえば共有地の悲劇のような問題構造を伴わないなら，特段の配慮はいらないだろう．この問題では，個々の人々の協力とその継続が重要であるため，個々の価値観の違いを尊重するにしても，社会全体で整合性のある政策方向への共感を得て，必要に応じて個々人の考え方の軌道修正を促しながら，計画の目的および手段の共有促進を図ることが重要と考えられる．

**2.3** 略

## 第3章

**3.1** (1) 計画の体系は上位計画の存在を前提とする．複数の分野で事業計画が存在する場合，それらの相互調整を果たす上位の概念が存在しなければ，計画間の関係を実質的に管理できないかもしれない．上位計画があることで，全体を束ねて貫く計画全体の理念が生まれると考えることもできる．事業計画の実施にあたって，その実施の根拠を形成するのが上位計画から貫かれた計画体系上の位置付けであることから，事業計画遂行のためにも計画体系が必要ということが理解できよう．

(2) 上位計画の性質については，**3.2.2 項**に示したように，たとえば，①の最終絵姿提示型の計画には，第 4 次全国総合開発計画に定められた高規格幹線道路網計画，全国新幹線鉄道整備法における基本計画などが挙げられる．②の事業明示型の計画には，交通政策基本計画，米国の地域交通計画などがある．③の優先順位・整備時期明示型の計画には，地方自治体の分野別計画の上位計画が挙げられる．④の投資規模明示型は我が国ではあまり例がないが，米国の地域交通計画が，財源不足までをアピールすることがあることから該当すると考えられる．⑤の理念・ビジョン型，⑦の基本事項確定型には国土形成計画などが該当し，⑧の目標共有・プロセス重視型には市民参画を取り入れた各国の上位計画，英国の地域空間戦略や米国の地域交通計画などが該当する．⑨の数値目標設定型には多くの計画が該当し，たとえば，交通政策基本計画，観光立国推進基本計画，社会資本整備重点計画，自転車活用推進計画などが挙げられ，⑩には，たとえば，過去に策定された国交省関東運輸局の関東交通プランや関東交通観光戦略などが該当するといえるだろう．

**3.2** 略

## 第4章

**4.1** (1) 目的が共有されていない場合，どのような計算式を用いるべきかについて合意が得られないことになる．すなわち，計算のもとになる定式化が行えない事態であり，計算で決めることができない．一方，仮に目的が共有されていても，手段（原因）と結果の因果関係の不確実性が高い場合は単純な計算では答えを見つけられないだろう．それでも不確実性に関して定式化が可能であれば，シミュレーションなどの計算は実行できる．しかし，その場合も計算に含まれない要因などに配慮して，シミュレーション結果を参考にしつつ，総合的な判定によって手段を選択することが望ましいだろう．

(2) 陪審定理は個々人が0.5以上の確率で事物の「正邪」（社会の正）を判別できることを前提として，その場合に社会で正しい選択がなされる確率が，より多数の参加によって高まるという定理であった．しかし，個々人の価値に依存する善悪，好悪，美醜，聖俗などについては，そもそもどれが正しいかを問うことがナンセンスである．そのため，参加者が増えても正しさが得られる保証がない．たとえば，公共事業に対する是非を単に問いかける場合，得られる賛否の比率は価値多元社会において個々人の価値表明の集計値に過ぎない．なお，ある公共事業が公共計画で位置付けられており，その公共計画が正当性を有すると社会が認めた状況であるならば，後に当該事業に対する是非の確認をするならば，それは社会における正しい事物の確認と考えることは可能だろう．

(3) 計画づくりにおいて個人の善を超えて共通善を見出す行為には，事実を含む真偽の検討と，人々の様々な価値の横断的な検討，そしてそれらをつかさどる手続き的正義が必要になる．すなわち，真・正・善の3者が必要というのが本書の計画の理論であった．一方，真・善・美は個人が究極の理想として持つべき価値観を表していると考えられる．また，心・技・体は武道における個人が重視すべき心と技と体の大切さを表したものとされる．これを強いて計画にたとえるなら，人々の心，技術力，かたち（計画の制度）の3つを重視すべきことと解釈して，個人の善，真偽，正邪に関連する言葉と捉えることは可能であるかもしれない.

**4.2** 多少分類に無理がある内容もあるが，受講生から出された課題の例を以下に列挙しておく.

①真偽に関わる問題・課題

- 本当にごみの投棄が問題で地下水が汚染されたのか.
- 汚染がどれほど住民に被害を及ぼしているのか.
- 本当に原因者の調査にコストがかかるのか.
- この場所は何故廃棄しやすいのか.
- 誰が廃棄しているのか，本当に町内の人間か.
- 現時点で撤去すれば今後の汚染を本当に避けられるのか.

②正邪に関わる問題・課題

- どうやって決定するのか議論されていない.
- 誰が捨てたかを調べないまま進めるのは問題だ.
- 住民だけにしか注意喚起されてない可能性がある.
- 住民の負担で処理されても外部からの投棄が野放しの制度では問題だ.
- 廃棄場所を新たに設けるなどの検討を行う必要がある.
- 不法投棄しても見つからなければよいという考えが放置されるのは問題だ.
- 廃棄してない住民から費用を徴収する制度は問題だ.

③善悪・美醜・聖俗等の問題

- 裏山に投棄する行為は悪いのか.
- 投棄している人々にどんな理由があるのか.
- 問題発覚後も投棄する行為がどれほど悪いのか.
- 法的にどのような罪になるのか，それは適当なのか.
- 裏山にごみがあるとそんなに醜いのか.
- 景観保全に対するコストはどの程度が適切か.
- 環境問題だけではなく生活や社会問題も絡んでいるのではないか.

**4.3, 4.4** 略

## 第5章

**5.1** (1) 計画確定行為の正当性は，計画主体の正統性を前提として，計画自体の正当性と計画手続きの正当性との2つによって確保することが可能と考えられる．正当性を確保可能な性質のことを「正当化可能性」と呼ぶことができるが，正当化可能性は3つの並行する計画プロセスの策定時に，手続き妥当性を満たす市民参画プロセスが実施されることを条件として成立可能になる．このような手続き的正義を確保するための取り組みが，段階原理プロセスとして行われることによって，計画の確定時に計画決定主体が正当化可能性を主張できることになると考えられる．

(2) 手続き妥当性は，情報提供，説明，対話，反映という4つの面から市民参画におけるコミュニケーションとしての必要な性質を明確にしたものである．計画づくりという具体的な場面において，個別の情報提供や意見交換の具体的な方法などを，法律や制度で定めることは困難である．そのため計画策定主体の主体的な取り組みによって，それらの条件が満たされることを想定している．そのため社会で妥当と考えられるレベルのコミュニケーションが行われ，それを行わない場合に紛争等のリスクが高まる蓋然性があれば，そのようなリスクを減らすために積極的な対応がなされる可能性があると考えることができる．具体的には情報提供や説明の機会が十分に与えられ，双方向の対話機会や，意見を受け止めた結果の報告，あるいは意見を反映した内容や反映できない理由などがフィードバックされることを想定している．

(3) 3つの並行する計画プロセスは，一言でいえば，「共有のテンプレート」ともいえるものである．計画づくりの羅針盤の持ち方は色々あると思われるが，3つの価値（真偽も価値に関わると考える）を常に意識して整理しながら運営するためのテンプレートということができる．このようなテンプレートが必要なのは，市民参画プロセスが必要になったことに関係する．もし，市民等の関与が一切不要な計画づくりであるなら，行政等の組織内で科学・技術検討を行いながら手順を踏んで計画を確定可能と考えられる．その際に3つの並行する計画プロセスを要しないだろう．なお，公共計画では国民，市民，利用者などの関与（市民参画）が当然のこととして，前提になることは付記しておきたい．

**5.2** 略

## 第6章

**6.1** (1) サンプル数が極端に大きくなると，標本統計学の検定を行う場合の標本平均の分散が限りなくゼロに近づくことから，ほんのわずかな平均値の差でも有意な差として検定されることになる．同様に分散や分布の検定でもわずかな差が有意な差となって現れる．小サンプルを前提とした統計理論がビッグデータには向かない場合があることを理解する必要があるだろう．

(2) ランダム化比較実験（RCT）は臨床試験など被験者をランダムに分けて試薬な

どを投与した後，時間経過と共に効果の差異を検証する方法等として良く知られる．特に短期政策の評価やその採択時評価に有効な方法と考えられるが，そのような対象は土木計画学の分野で多くはない．特に，土木施設は長期に利活用される特注品であることから，その評価に RCT は向いていない．一方，人を対象とする防災，安全，環境などの教育・啓発効果の検証などでは，手段の有効性を判断するために活用可能であり，実際に利用されている．

(3)　たとえば，ある都市の市民防災行動に関する分析を行うことを想定してみよう．過去の災害が発生した時点の住民の位置情報データや，災害後に市民アンケート調査より得られた意識や行動のデータ等を用いて，統計的な検定や推定を行い，避難行動等の特徴を把握することができよう．その上で避難行動のモデルを行動データや選好データをもとに構築して，避難行動に影響を及ぼす政策変数を同定することができるかもしれない．また，そのようなモデルを用いて現地の土地利用条件に合致した空間的なシミュレーション計算を行い，防災行動に関わる政策や計画の分析を行うことが可能かもしれない．そしてその効果を社会的便益によって表現することや，便益のみの評価では適当といえないことから，行動経済学や社会心理学等の知見も生かして異なる枠組みで分析検討を行い，科学・技術検討の結果として取りまとめることが考えられる．

(4)　ビッグデータと AI の活用によって予測方法が大いに広がりを見せている．特に結果が直ちに判明する近未来の予測にビッグデータを用いた解析が益々役立つと考えられる．他方，土木施設の供用期間の長さを考えると，投資判断のための将来予測は「理論にもとづく計測」を基本とせざるを得ないだろう．それは分析の前提をブラックボックスとせずに，関係者が責任を共有する必要があるからとも考えられる．たとえば，ランダム効用理論にもとづく非集計行動モデルによる予測は，制度化された計画検討として高い評価と位置づけがなされてきた．今後も新たな技術開発に努め，より優れた行動理論の構築や汎用的な予測モデル開発等が求められるだろう．

(5)「評価」は計画案の事前・事後チェックという意味を持ち，「計画」は評価の対象となる「計画案」という意味に加えて，評価結果にもとづき決定に至る「プランニング（計画づくり）」という意味を持つ．すなわち，評価行為の中に「計画案」が位置付けられるのに対して，「計画づくり」の中に評価行為が位置付けられるということができる．仮に評価行為の中に計画づくりを位置付けて行うことを考えると，計画プロセスの運営が評価の枠組みによって制約され，計画づくりの進行上やリスク管理上の問題が増すだろう．

(6)　短期プログラムの策定プロセスに市民参画プロセスを導入する場合を考える．これには，効果発現に市民の協力が必要なプログラムの策定などが該当するだろう．

そのとき，想定される成果やインパクトを事前に整理してロジックモデルとして表現した上，市民参画プロセスや技術検討プロセスによって説得力ある計画づくりを進めることに一定の効果があると予想される．短期間の市民参画が前提となるが，十分に練った手順で実施して一定の効果を目指すことが，ロジックモデルを当てはめる意義と考えられる．

**6.2** 略

## 第7章

**7.1** (1) 計画づくりは，一般に現状の問題の理解，将来の予測や目的の共有，代替案の列挙と比較検討，計画案の選定といった順序で進行するものと考えられる．このような計画づくりに参画する人々の公共心については，個人の価値が異なるにしても，まず計画の方向性に対して共感できるか否かが大きな課題となる．地域の防災や高齢社会の問題，公共交通の問題など，様々な社会課題を理解し，異なる環境の人々との想像上の立場の交換が可能であるか否かが「利他心」と強く関わる．さらに計画づくりが将来の課題の理解やその解決に向けた計画案の検討になることから，未来への想像力を保ち養うことが市民にも望まれる．そして計画決定後の実施段階においては，自己超越欲求で表現されるような崇高な貢献意志が協働として地域に醸成されることが理想としてある．概念的であって個々の計画段階に具体的に対応するとは限らないが，計画づくりの段階に応じて求められる公共心の性質が多少異なるということはできよう．

(2) 確定した計画案が共通善と言えるか否かの判断は難しい．少なくとも，当該計画の内容の正当性と計画手続きの正当性という 2 つに依拠することは間違いないだろう．手続き妥当性を満たしたプロセスで作られた計画でなければ，その計画内容が共通善として成立したとは断言できない．適切な市民参画プロセスを全うした結果として成立した計画案であるか否かが判断の分かれ目とも考えられる．公共計画の場合は，計画策定主体が市民参画プロセスを行わずに，一方的に決定した場合，それは共通善とはいえず，ましてや公共善ということも憚られるのではないだろうか．

(3) 最も単純に表現すれば，「決める前に問う」ということが市民参画の理念と考えられる．本書の異なる表現を用いれば，①真・正・善の 3 つの取り組みの中の 1 つであり，② 3 つの並行する計画プロセスを必要とする主要な原因であり，③個人の善悪等の価値を計画づくりのなかで互いに理解し合い計画づくりに反映させるコミュニケーション行為のことである．そのことで計画確定行為が共通善をもたらす可能性を高められると考えることができる.

(4) たとえば,「計画を知らなかったし,もっと早く伝えるべきだ.影響が良く分からないので,計画の是非を判断できない」といった意見が表明されたとしよう.この意見の中には,心理的関心ごと,手続き的関心ごと,実質的関心ごとのすべてが含まれている可能性がある.これを計画策定主体が妥当要求にもとづいて整理すると,理解可能性と客観的真理性には「(計画による)影響が良く分からない」が該当し,提供データの内容や表現方法に問題がないか等の検討が行える.規範的正当性には「計画を知らなかった.もっと早く伝えるべきだ」が該当し,計画の周知やプロセスの設計上,課題がないか等の検討が行える.さらに,主観的誠実性には「計画の是非を判断できない」が該当し,本意見では明確でないが,情報提供後により具体的な意見表明が予想されることから,事前の検討を行うことができる.このように複合的な意見表明を妥当要求にもとづいて分解整理して,必要に応じて早い段階から対応を進めることが可能になる.

**7.2** (1) これを受講生に問いかけたところ,次のような多様な回答が得られた.

①真偽に関わる対応(特に,分配の前提という観点から)

- 二人とも本当にオレンジを欲しているのか確認する.
- オレンジのどこを欲しているのか聞く.
- オレンジが食べられるか不明なので分配しない.
- オレンジをもう1つ探す.
- オレンジを欲する子は他にいないのか確認する.

②正邪に関わる対応(特に,分配する手続きという観点から)

- じゃんけん,あみだくじの勝者に丸ごと渡す.
- 2人で話し合わせる.
- 2人に納得してもらえる方法で分ける.
- じゃんけんで勝った方が2つに切って負けた方が先に取る.
- 最初に欲した子に渡す.

③善悪等に関わる対応(特に,分配の結果という観点から)

- 小さい子に渡して大きい子は我慢させる.
- 年齢や体重に応じて分配する.
- 体調の悪い子供に多く分配する.
- オレンジが好きな子に渡す.
- 2人の普段の行いを考慮して分ける.
- 2等分して渡す.

これら以外にも，気に入った子に渡す，自分で食べる，問題が生じたら責任を問われるので対応しない，など様々な答えが返ってくる．直観的な回答を求めると一番最後の行にある「2 等分して渡す」との答えが比較的多い．

(2) 納得を得るため，情報提供や説明責任などが必要になると考えられる．たとえば,「目の前で切る」ことによって透明性の確保を図る．重さを量る．産地や食べごろを伝える．色々な情報提供を行うことが考えられる．それでも納得が得られないなら，面倒だから，ナイフを渡して勝手に切らせるという方法も考えられる．「片方が切り，他方が取る」という手続きがフェアだと思うかもしれない．しかし，子供たちにナイフを渡して手を切らないで済む技術があるかどうかは考慮すべきだろう．この設問は行政と市民との対応の暗喩である．2 つに切ることを前提に対応が進んでいることがそもそも問題である．

(3) 遅れてきたのだから分け与えないという対応は，この場合，分配のルールが事前に告知されていなかったので難しいかもしれない．2 人の子供は不満を持つかもしれないが，3 人に分け与えることになるだろう．ただ，3 等分する技術は子供達にはないだろう．こちらで切ってじゃんけんで取らせることが良さそうに見えるかもしれない．実は，最も重要なことは最初の回答の中にあった,「オレンジの何が欲しいか聴いてみる」である.「切る前に聴く」すなわち「決める前に問う」である．改めて子供達に聴いてみよう．そうすると，年長の子供は「ジュースが飲みたい」といい，次の子は「マーマレードを塗ったパンが食べたい」という．そして後から来た幼い子供は「種を庭にまいてオレンジの木を育てたい」という．それならオレンジを 3 等分して渡すのではなく，実と皮と種に分けて渡すことがベストの対応であることが理解できる．そのような対応をすることで，3 等分して渡されるよりも，3 人の満足はもっと高くなるだろう．

(4) タマネギの皮を剥いても種はでない．出るのは涙くらいと考えるかもしれない．このときに大切なことは，将来像や目的の共有である．肉じゃがかカレーライスか．何を一緒に作ろうか．市民との協働には将来像の共有がまず必要という喩えである．一緒にタマネギの皮を剥くには目的の共有が必要であり，そのことで役割の分担も可能になると考える．市民参画の場面では，オレンジばかりでなくタマネギを用いて協働の取り組みを行うことも必要になるだろう．

# 引用文献・参考文献


■1章

［1］ John Watkins: What may happen in the next hundred years, Ladies' Home Journal, 1990.

［2］ 木田元：対訳　技術の正体（初出 1993），デコ，2013.

［3］ 長尾義三：土木計画序論，共立出版，1973.

［4］ 三島由紀夫：鴎外の短編小説（1956），三島由紀夫全集 29，pp.235–240，2003.

［5］ 森地茂，屋井鉄雄（編著）：社会資本の未来，日本経済新聞社，1999.

［6］ 土木学会：土木学会創立 100 周年宣言―あらゆる境界をひらき，持続可能な社会の礎を築く―，土木学会，2014.

［7］ 土木学会：社会と土木の 100 年ビジョン，土木学会，2014.

［8］ 永井護：土木計画と関連する諸制度，土木計画学シンポジウム No.16，「土木計画の実務と土木計画学」，pp.122–126，土木学会，1982.

［9］ 黒川洸：土木計画のプロセス，土木計画学シンポジウム No.16，「土木計画の実務と土木計画学」，pp.127–132，土木学会，1982.

［10］ 加納次郎：計画の科学，経済往来社，1963.

［11］ COMMISSION OF THE EUROPEAN COMMUNITIES: European Governance, A White Paper, 2001.

［12］ 藤井聡：土木計画学―公共選択の社会科学―，学芸出版社，2008.（改訂版，2018.）

［13］ 伊豆原浩二，嶋田喜昭，川本義海：土木計画学―社会資本とマネジメント―，オーム社，2013.

［14］ 松村暢彦編著：図説わかる土木計画，学芸出版社，2013.

［15］ 奥村誠：土木計画学，コロナ社，2014.

■2章

［1］ 今道友信：アリストテレス，人類の知的遺産 8，講談社，1980.

［2］ アリストテレス：ニコマコス倫理学，David Ross（訳），Oxford University Press, 1980, Roger Crisp（訳），Cambridge University Press, 2000，高田

三郎（訳），岩波文庫，1971，渡辺邦夫・立花幸司（訳），光文社，2015.
[ 3 ] H. Lewis: Highway Traffic, Regional Survey Vol.3, Regional Plan of New York and its Environs, 1927.
[ 4 ] Edward Weiner: Urban Transportation Planning in the United States, An Historical Overview, US. Department of Transportation, 5th Edition, 1997.
[ 5 ] SANDAG: Vision for the 2021 regional Plan Network Development Summary Report, the San Diego Association of Governments, 2020.
[ 6 ] 越沢明：東京都市計画物語，日本経済評論社，1991.
[ 7 ] 田村亨ほか：交通社会資本制度―仕組と課題―，環境・地域・社会資本問題検討小委員会，土木学会，2010.
[ 8 ] 森地茂編著：国土の未来，日本経済新聞社，2005.
[ 9 ] マサチューセッツ州都市圏計画局，地区間交通に対する交通計算式の適用図. 都市圏地域，1927.

## ■ 3 章

[ 1 ] 西谷剛：実定行政計画法，有斐閣，2003.
[ 2 ] 合意形成手法に関する研究会：欧米の道づくりとパブリックインボルブメント，ぎょうせい，2001.
[ 3 ] 屋井鉄雄編著：地域と交通の計画ガバナンス論，計量計画研究所，2009.
[ 4 ] 土木計画学研究委員会：環境・地域・社会資本問題検討小委員会（かたち・人材・連携を考える小委員会）活動報告書，土木学会，2010.
[ 5 ] 東京市町村自治調査会：市町村の総合計画のマネジメントに関する調査研究報告書，2013.
[ 6 ] 内閣府：国土強靭化地域計画策定ガイドライン（第 6 版）基本編，2019.
[ 7 ] 日本都市計画学会：震災復興特別委員会第 3 部会（社会システム部会）交通インフラ G 中間提言，2012.
[ 8 ] 環境省：2013 年以降の対策・施策に関する報告書（地球温暖化対策の選択肢の原案について），中央環境審議会地球環境部会，2012.6.
[ 9 ] 大田区：交通政策基本計画，2019.
[10] 横浜市：横浜市強靭化地域計画，2019.
[11] 田村亨ほか：交通社会資本制度―仕組と課題―，環境・地域・社会資本問題検討小委員会，土木学会，2010.

■4章

［1］ Thompson, J. D. & Tuden, A.: Strategies, structures and processes of organizational decision. In J. D. Thompson (Ed.), Comparative Studies in Administration, University of Pittsburgh Press, 1959.

［2］ ダニエル・カーネマン：限界合理性の地図—直感的判断と選択の鳥瞰図—，ノーベル財団経済学賞受賞講演，2002.

［3］ 佐伯胖：きめ方の論理，社会的決定理論への招待，東京大学出版会，1980.

［4］ Robin Farquharson: Theory of Voting, Yale University Press, 1969.

［5］ 田中成明：法理学講義，有斐閣，1994.

［6］ 長尾龍一：ケルゼン研究 1，信山社叢書，1999.

［7］ 藤川吉美：規範科学の基礎，成文堂，1994.

［8］ Putnam, H.: The Collapse of the Fact/Value Dichotomy, Harvard, 2002.

［9］ ユルゲン・ハーバーマス（著），河上倫逸，M. フリードリヒ，平井俊彦（訳）：コミュニケイション的行為の理論［上］，未来社，1985.

［10］ Rawls, J.: A Theory of Justice, Harvard University Press, 1971.（Rawls, J.: A Theory of Justice, revised edition, Belknap Press, 1999.）

［11］ 屋井鉄雄，泊尚志：事実と価値との関わりを考慮した計画プロセスの新たな理論的枠組み，土木学会論文集 D，Vol.70，No.1，pp.9–27，2014.

■5章

［1］ Hudson, B. M.: Comparison of Current Planning Theories: Counterparts and Contradictions, APA Journal, pp.387–398, 1979.

［2］ Banfield, E. C.: Ends and Means in Planning, the International Social Science Journal, Vol.XI, No.3, 1959.

［3］ Lindblom, C. E.: The Science of “Muddling Through”, Public Administration Review, Vol.19, No.2, pp.79–88, 1959.

［4］ Wofford, J. G.: Participatory Planning for Boston Metro-Area Transportation, Civil Engineering, pp.78–81, ASCE, 1973.4.

［5］ Her Majesty’s Stationery Office: People and Planning, Report of the Committee on Public Participation in Planning (Skeffington Report), 1969.

［6］ Forester, J.: Planning in the Face of Power, University of California Press, 1989.

［7］ 屋井鉄雄：手続き妥当性概念を用いた市民参画型計画プロセスの理論的枠組み，土木学会論文集 D，Vol.62，No.4，pp.621–637，2006.

［8］ 坂井孝典，屋井鉄雄：計画確定行為における合理性確保に関する研究，土木学会論文集 D，Vol.65，No.2，pp.111–128，2009.

［9］ 屋井鉄雄，泊尚志：事実と価値との関わりを考慮した計画プロセスの新たな理論的枠組み，土木学会論文集 D，Vol.70，No.1，pp.9–27，2014.

［10］ 屋井鉄雄，山中英生，秀島栄三：2.3 合意形成，土木計画学ハンドブック，コロナ社，2017.

■6 章

［1］ 屋井鉄雄，平田輝満，山口晋弘，林和史：VR 実験データを活用した多重衝突事故の発生メカニズムに関するモデル分析，土木学会論文集 D 部門，Vol.65，No.2，pp.360–372，2009.

［2］ 白濱好文，屋井鉄雄，福田大輔，神田学：マイクロシミュレーションを活用した交通と大気環境の広域評価システム，土木学会論文集，No.772/IV-65，115–130，2004.

［3］ 大西淳也，日置瞬：ロジック・モデルについての論点の整理，PRI Discussion Paper Series (No.16A-08)，2016.

［4］ W. K. Kellogg Foundation: Logic Model Development Guide, 1998.

［5］ 公共事業評価システム研究会：公共事業評価の基本的考え方，2002.

［6］ 東京圏における今後の都市鉄道のあり方に関する小委員会：鉄道需要分析手法に関するテクニカルレポート，交通政策審議会陸上交通分科会鉄道部会，2016.

［7］ 土木計画学ハンドブック編集委員会：土木計画学ハンドブック，土木学会，コロナ社，2017.

［8］ 屋井鉄雄，清水哲夫：プロビットモデルを用いた鉄道経路選択の予測；多変量解析実例ハンドブック（部分執筆），朝倉書店，2002.

［9］ 環境省総合環境政策局：戦略的アセスメント総合研究会報告書，2007.

［10］ 環境省：環境影響評価制度総合研究会報告書，2009.7.

［11］ Tetsuo YAI, Seiji IWAKURA and Shigeru MORICHI: Multinomial Probit with Structured Covariance for Route Choice Behavior, Transportation Research Part B, Vol.31, pp.195–207, 1997.

［12］ 国土交通省鉄道局：鉄道プロジェクトの評価手法マニュアル，2012.

■ 7 章


［1］ Her Majesty's Stationery Office: People and Planning, Report of the Committee on Public Participation in Planning (Skeffington Report), 1969.

［2］ 井上達夫編：公共性の法哲学，ナカニシヤ出版，2006.

［3］ 安彦一恵，谷本光男：公共性の哲学を学ぶ人のために，世界思想社，2004.

［4］ 石神孝裕：地域計画の共有促進のための計画枠組みに関する研究，東京工業大学博士論文，2017.

［5］ 藤井聡：社会的ディレンマの処方箋：都市・交通・環境問題の心理学，ナカニシヤ出版，2003.

［6］ 藤井聡：土木計画学―公共選択の社会科学―，学芸出版社，2008.（改訂版，2018.）

［7］ 宮澤弘：新国土計画論，有斐閣，1968.

［8］ 寺部慎太郎，屋井鉄雄：交通計画への市民参加意識の日米比較，豊田秀樹編「共分散構造分析［事例編］―構造方程式モデリング―，北大路書房，1998.

［9］ 大村謙二郎，屋井鉄雄，原田昇，大熊久夫，矢嶋宏光，岩佐賢治，ピエールコプフ［合意形成手法に関する研究会（編集）］：欧米の道づくりとパブリック・インボルブメント―海外事例に学ぶ道づくりの合意形成―，ぎょうせい，2001.

［10］ 屋井鉄雄，前川秀和（監修），市民参画型道路計画プロセス研究会（編），市民参画の道づくり：パブリック・インボルブメント（PI）ハンドブック，ぎょうせい，2004.

［11］ 田中詢紀，織田澤利守，喜多秀行：地域公共交通計画における偏りのない事実認識の共有方法，土木計画学研究・講演集，Vol.54，No.16，pp.145–157，2016.

［12］ 羽鳥剛史，小林潔司，鄭蝦榮：討議理論と公的討議の規範的評価，土木学会論文集 D3，Vol.69，No.2，pp.101–120，2013.

［13］ 矢嶋宏光（分担）：参加型意思決定プロセスとその技術，土木学会誌編集委員会（編），合意形成論，土木学会，2004.

［14］ 国土交通省：公共事業の構想段階における計画策定プロセスガイドライン，2008.
（https://www.mlit.go.jp/tec/kanri/pdf/processGL.pdf）

［15］ 国土交通省：公共事業の構想段階における計画策定プロセスガイドライン解説，2009.
（https://www.mlit.go.jp/tec/kanri/pdf/koukyou_guidegaiyou.pdf）

［16］ 国土交通省道路局：構想段階における道路計画策定プロセスガイドライン，2013.
（https://www.mlit.go.jp/road/ir/ir-hyouka/pdf/ps_guideline.pdf）

［17］ 横浜市道路局・国土交通省・首都高速道路公団：（仮称）横浜環状北西線概略計画，2005.
（https://www.city.yokohama.lg.jp/kurashi/machizukuri-kankyo/doro/kensetsu-kanjodoro/hokusei/koho-deaimichi.files/gairyaku-plan.pdf）

［18］ 那覇空港構想・施設計画検討協議会：那覇空港の滑走路増設に向けて—那覇空港の構想段階とりまとめ—，2009.
（http://www.dc.ogb.go.jp/Kyoku/information/nahakuukou/pdf.houkokusho/kousoutorimatome.pdf）

［19］ 宮古市：地区復興まちづくり計画および同計画に関する住民説明資料等，2012.
（https://www.city.miyako.iwate.jp/data/open/cnt/3/592/1/02kuwagasaki.pdf?20140308153734）

［20］ 中村晃，去石一良，前川平，山本恭彦，木村剛：宮古市の復興計画づくりと住民参画の取り組み，土木計画学研究・講演集，Vol.45，2012.

［21］ 調布市：調布市道路網計画，2016.
（https://www.city.chofu.tokyo.jp/www/contents/1459224131290/index.html）

［22］ 大田区：大田区交通政策基本計画，2018.
（https://www.city.ota.tokyo.jp/seikatsu/sumaimachinami/koutsu/koutsu-seisaku/koutuuseisakukihonnkeikaku.files/kihonkeikaku_honnpenn.pdf）

［23］ 沖縄県：沖縄鉄軌道の構想段階における計画書（沖縄鉄軌道計画検討委員会案），2018.
（https://oki-tetsukidou-pi.com/achievement）

［24］ 大田区：交通政策基本計画推進協議会，平成 28 年度.
（https://www.city.ota.tokyo.jp/smph/seikatsu/sumaimachinami/koutsu/koutsu-seisaku/kyougikai_h28.html）

［25］ 内閣府ホームページ：沖縄総合事務局資料.
（http://www.dc.ogb.go.jp/Kyoku/information/nahakuukou/pdf.schedule/03.27_schedule.pdf）

# 図表典拠

**■ 3 章**

図 3.4　大田区ホームページ：交通政策基本計画，p.43 をもとに改変.

図 3.6　内閣府ホームページ：国土強靱化地域計画策定ガイドライン（第 6 版）基本編，2019.6，p.34.

図 3.7　横浜市ホームページ：横浜市強靱化地域計画，2019.3，p.3.

表 3.1　公益財団法人　東京市町村自治調査会ホームページ：市町村の総合計画のマネジメントに関する調査研究報告書，2013.3，p.59.

**■ 5 章**

図 5.7　屋井鉄雄：手続き妥当性概念を用いた市民参画型計画プロセスの理論的枠組み，土木学会論文集 D，Vol.62，No.4，pp.621–637，2006.

図 5.8　同上.

**■ 6 章**

図 6.1　Taku Kawamura, Tetsuo Yai: Trip Characteristics and Potential Higher Publicity of Bike-Sharing System in Tokyo, ITSC, IEEE, Auckland, 2019.

図 6.2　作中祐介，阪本真，屋井鉄雄．都心上空到着機の先進的管制処理システム導入効果の分析，土木計画学研究・論文集 D3，Vol.75，No.6，pp.657–666, Apr. 2020.

図 6.4　白濱好文，屋井鉄雄，福田大輔，神田学：マイクロシミュレーションを活用した交通と大気環境の広域評価システム，土木学会論文集，No.772/IV-65, pp.115–130，2004.

図 6.5　屋井鉄雄，平田輝満，山口晋弘，林和史：VR 実験データを活用した多重衝突 25，事故の発生メカニズムに関するモデル分析，土木学会論文集 D 部門，Vol.65，No.2，pp.360–372，2009.

図 6.10　国土交通省ホームページ：事業評価の仕組み.

表 6.1　国土交通省ホームページ：鉄道需要分析手法に関するテクニカルレポート.

表 6.2　環境省ホームページ：環境アセスメントガイド.

## ■7章

図 7.1　Her Majesty's Stationery Office: People and Planning, Report of the Committee on Public Participation in Planning (Skeffington Report), 1969. Her Majesty's Stationery Office: People and Planning, Report of the Committee on Public Participation in Planning (Skeffington Report), 1969.

図 7.19　宮古市ホームページ：鍬ヶ崎地区区画整理事業に係る調査説明会資料（平成 24 年 7 月 12 日開催）.

図 7.21　調布市ホームページ：道路網計画，2016，p.34 をもとに改変.

図 7.22　調布市ホームページ：道路網計画，2016，p.29 をもとに改変.

図 7.23　大田区ホームページ：交通政策基本計画推進協議会（平成 28 年度）.

図 7.24　大田区ホームページ：交通政策基本計画，p.122.

図 7.25　沖縄県ホームページ：鉄軌道構想段階計画，検討プロセス及びコミュニケーションレポート，p.4.

図 7.26　沖縄県ホームページ：鉄軌道構想段階計画，検討プロセス及びコミュニケーションレポート，p.4 をもとに改変.

表 7.1　内閣府ホームページ：沖縄総合事務局他，那覇空港の滑走路増設に向けて，2009，p.7.

表 7.2　沖縄県ホームページ：鉄軌道構想段階計画，検討プロセス及びコミュニケーションレポート（ステップ 4），p.194，付 1-1 をもとに改変.

# 索　　引

## さ　行

## た　行

## な 行



## は 行

## ま 行



## や 行



## ら 行

## わ 行



## 数字・欧字

## 著者略歴

**屋《や》井《い》鉄《てつ》雄《お》**

1980 年　東京工業大学土木工学科卒業
1985 年　東京工業大学大学院博士課程修了　工学博士
1985 年　京都大学助手，東京工業大学助手，助教授
1997 年　東京工業大学教授
現　在　東京工業大学副学長，環境・社会理工学院教授，
　　　　土木学会副会長，
　　　　交通政策審議会陸上交通分科会長，同鉄道部会長，
　　　　交通体系分科会環境部会長，
　　　　千葉県都市計画審議会会長，
　　　　相模原市都市計画審議会会長，
　　　　岩手県宮古市復興推進総合アドバイザーほか

## 主要著書

『土木計画学ハンドブック』（分担執筆，コロナ社，2017）
『リージョナルジェットが日本の航空を変える』（共著，成山堂，2011）
『交通社会資本制度－仕組と課題－』（分担執筆，土木学会，2010）
『国土の未来－アジアの時代における国土整備プラン－』
　（共著，日本経済新聞社，2005）
『多変量解析実例ハンドブック』（分担執筆，朝倉書店，2002）
『社会資本の未来』（編著，日本経済新聞社，1999）

土木・環境工学＝ **EKO–A5**

土木と環境の計画理論

—**3** つの並行プロセスによる計画づくり—

2021 年 4 月 10 日© 初 版 発 行

著 者 屋 井 鉄 雄

発行者 矢 沢 和 俊
印刷者 大 道 成 則
製本者 小 西 恵 介

【発行】 株式会社 数 理 工 学 社

〒151-0051 東京都渋谷区千駄ヶ谷 1 丁目 3 番 25 号
編集 ☎ (03)5474–8661（代） サイエンスビル

【発売】 株式会社 サ イ エ ン ス 社

〒151-0051 東京都渋谷区千駄ヶ谷 1 丁目 3 番 25 号
営業 ☎ (03)5474–8500（代） 振替 00170–7–2387
FAX ☎ (03)5474–8900

印刷 (株)太洋社 製本 (株)ブックアート



ISBN978–4–86481–074–6

PRINTED IN JAPAN

サイエンス社・数理工学社の
ホームページのご案内
https://www.saiensu.co.jp
ご意見・ご要望は
suuri@saiensu.co.jp まで．